水体污染控制与治理科技重大专项"十三五"成果系列丛书

辽河流域水环境管理与水污染治理技术推广应用

LIAOHE HEKOUQU

SHUISHENGTAI HUANJING XIUFU YU ZHILI YANJIU

辽河河口区
水生态环境修复与治理研究

晁雷 刘爽 周修坤 著

U0261254

化学工业出版社

·北 京·

内 容 简 介

本书选取辽河干流水质较差的入海河口区作为研究对象，针对辽河河口区的水环境现状、水污染负荷、环境容量、入海总氮等问题进行系统调研和分析，针对支流河水质较差问题，提出有针对性的解决方案和措施，为辽河河口区水环境改善提供了强有力的科技支撑。 全书共分 5 章。 第 1 章介绍了河口区的自然情况，第 2 章对河口区主要支流河提出水质提升方案，第 3 章明确了河口区水环境承载力，第 4 章提出河口区总氮排放总量控制方案，第 5 章对未来河口区水生态环境保护工作进行规划。

本书可供环境工程、市政工程等领域的工程技术人员、科研人员和管理人员阅读参考，也可供高等学校环境工程等相关专业师生学习使用。

图书在版编目（CIP）数据

辽河河口区水生态环境修复与治理研究/晁雷，刘爽，周修坤著 . —北京：化学工业出版社，2023.3

（水体污染控制与治理科技重大专项"十三五"成果系列丛书）

ISBN 978-7-122-42729-8

Ⅰ.①辽… Ⅱ.①晁…②刘…③周… Ⅲ.①辽河流域-水环境-生态恢复-研究②辽河流域-水环境-环境管理-研究 Ⅳ.①X143

中国国家版本馆 CIP 数据核字（2023）第 006412 号

责任编辑：董 琳 文字编辑：王文莉 公金文
责任校对：李 爽 装帧设计：史利平

出版发行：化学工业出版社（北京市东城区青年湖南街 13 号 邮政编码 100011）
印 装：北京科印技术咨询服务有限公司数码印刷分部
787mm×1092mm 1/16 印张 12½ 字数 253 千字 2023 年 5 月北京第 1 版第 1 次印刷

购书咨询：010-64518888 售后服务：010-64518899
网 址：http://www.cip.com.cn
凡购买本书，如有缺损质量问题，本社销售中心负责调换。

定 价：98.00 元 版权所有 违者必究

前　言

　　辽河河口区是辽河流域污染最为严重的区段之一，也是辽河水体污染综合治理的重要环节。该区域既是中上游河段污染物"总汇"，又是本区域沿河城乡地区的主要纳污水体，污染叠加特征突出。在河口区受纳水体环境容量有限的情况下，水体及河流的自净能力急剧下降，严重威胁近海海域水环境质量。与"十二五"末期相比，"十三五"期间辽河河口区5个国控断面水质总体趋好，2016年至2017年，水质均符合考核标准要求；2017年第四季度至2018年，虽水质出现波动，但自2019年下半年起，总体稳定改善并趋势向好。2019年水质达标率为60%，同比提升40%，并全面消除劣Ⅴ类水体。2020年5个国控断面水质均稳定达到国家考核标准要求。

　　本书的出版得到了国家水体污染与治理科技重大专项"辽河流域水环境管理与水污染治理技术推广应用"项目的资助，我们将"十三五"期间课题组部分工作成果汇总，写了这本《辽河河口区水生态环境修复与治理研究》，旨在总结"十三五"期间促使辽河河口区水质改善的具体工作内容，为流域水生态环境研究和管理提供参考。

　　全书共分5章，第1章概述性地介绍了辽河河口区自然情况；第2章阐述了辽河河口区主要支流河整治方案；第3章对辽河河口区水环境承载力进行计算分析，明确河口区各区县水环境承载力情况；第4章对辽河河口区总氮排放总量情况进行分析，明确河口区总氮来源、水环境容量和总氮控制方案；第5章在总结"十三五"工作的基础上，对辽河河口区水生态环境保护"十四五"工作进行规划。

　　本书得到了辽宁省生态环境保护科技中心、盘锦市生态环境局、盘锦市水利局、辽宁省盘锦生态环境监测中心的大力支持，提供了大量基础数据，在此表示诚挚的谢意！感谢芦美蠕承担了大量图片和资料的整理撰写工作。

　　由于著者水平及时间有限，书中疏漏和不足之处在所难免，恳请读者不吝指正。

著者

2022 年 10 月

目 录

第1章
辽河河口区自然概况

1.1 地理位置

辽河发源于河北省平泉市，河流总长约 1345km，流域面积为 $21.9 \times 10^4 km^2$。地跨河北、内蒙古、吉林、辽宁四个省份，最终从辽宁省盘锦市汇入渤海。其中辽宁省境内的辽河流域面积为 $6.92 \times 10^4 km^2$，地理位置介于东经 $121°16' \sim 125°20'$，北纬 $40°28' \sim 43°30'$ 之间。辽河流域大多为山地、平原地区，自北向南、自东西两侧向中间倾斜，中下游形成辽河平原；流域大部分属温带半湿润半干旱的季风气候，平原温度较高，山地较低，年平均温度约为 $4 \sim 9℃$，且温度自南向北递减；降雨强度大、频率高是辽河流域夏季降雨的主要特点，降落的暴雨使水位快速增长，易造成下游地区洪涝。流域内降雨时空分布不均，东部降雨量约为西部的 2.5 倍，且多集中在 7、8 月份。冬季降雪较少，雪融化后对河流水位影响很小。

辽河河口区全部位于辽宁省盘锦市，其中具体为盘山县、双台子区、兴隆台区全部，大洼区大部分（大洼区有少部分位于大辽河河口区）。盘锦市是辽宁省下辖地级市，位于辽宁省西南部，地处辽河三角洲中心地带，是辽河入海口城市，地理坐标处在东经 $121°25' \sim 122°31'$、北纬 $40°39' \sim 41°27'$ 之间。东、东北邻鞍山市，东南隔大辽河与营口市相望，西、西北邻锦州市，南临渤海辽东湾，地处环渤海经济圈东北部和东北亚经济圈重要区域，是联结辽南、辽西与辽中三大经济板块的重要节点，与辽宁省内各大城市构成 "2 小时经济圈"。

1.2 行政区划

辽河河口区涉及的行政区划为盘锦市兴隆台区、盘锦市大洼区、盘锦市双台子区及盘锦市盘山县。根据《2019 年盘锦市统计年鉴》，辽河盘锦段总人口约为 94.7909 万人，其中城镇人口为 70.8742 万人，城镇化率为 74.77％；农村人口为 23.9167 万人，占总人口的 25.23％。为便于辽河河口区 6 条一级支流区域污染物产生量的计算及削减量的分配，根据盘锦市水系图、盘锦市行政区划图等相关资料，按照各乡镇排污的受纳水体，以各支流流域为基本单元，对各个乡镇人口进行划分，划分结果见表 1-1。

由表 1-1 可以看出，螃蟹沟、一统河区域的人口最多，城镇化率均为 90％以上；小柳河区域的城镇化率最低，仅为 18.35％。

表 1-1　各支流区域的人口分布情况

流域	区县范围	各乡镇人口/人			支流区域人口/人			城镇化率/％
		城镇人口	农村人口	总人口	城镇人口	农村人口	总人口	
太平河	高升镇 70％	7436	12403	19839	34169	25606	59775	57.16
	得胜镇 11.1％	214	1600	1814				
	陈家镇 11.1％	226	1200	1426				
	太平镇 50％	8056	6736	14792				
	友谊街道 50％	4264	0	4264				
	曙光街道 50％	4264	0	4264				
	新生街道 50％	4957	0	4957				
	陆家乡 60％	3070	3667	6737				
	高升街道 12.5％	1682	0	1682				
一统河	高升街道 87.5％	11772	0	11772	190325	10395	200720	94.82
	陆家乡 40％	2048	2444	4492				
	陈家镇 33.3％	678	3601	4279				
	统一乡 50％	1197	4350	5547				
	双盛街道	10701	0	10701				
	胜利街道	36611	0	36611				
	辽河街道	42070	0	42070				
	建设街道	57765	0	57765				
	铁东街道	7925	0	7925				
	红旗街道	19558	0	19558				
小柳河	陈家镇 55.6％	1132	6013	7145	2329	10363	12692	18.35
	统一乡 50％	1197	4350	5547				
螃蟹沟	新立镇	2843	14715	17558	330423	35371	365794	90.33
	兴海街道	23977	5489	29466				
	新工街道	21971	0	21971				
	兴隆街道	51673	0	51673				
	渤海街道	44455	0	44455				
	创新街道	48824	0	48824				
	振兴街道	55875	0	55875				
	兴盛街道	29836	3611	33447				
	惠宾街道	50969	11556	62525				
清水河	新兴镇	7445	13543	20988	91934	67154	159088	57.79
	田家街道	14814	16974	31788				
	清水镇	7100	15142	22242				
	大洼街道	60881	7595	68476				
	赵圈河镇 20％	1456	532	1988				
	唐家镇 57.9％	238	13368	13606				

续表

流域	区县范围	各乡镇人口/人			支流区域人口/人			城镇化率/%
		城镇人口	农村人口	总人口	城镇人口	农村人口	总人口	
绕阳河	胡家镇	7126	21224	28350	59562	90278	149840	39.75
	甜水镇	1323	14784	16107				
	羊圈子镇	5640	13532	19172				
	东郭镇	9815	7931	17746				
	石新镇	7079	7940	15019				
	高升镇30%	3186	5316	8502				
	得胜镇88.9%	1710	12815	14525				
	太平镇50%	8056	6736	14792				
	友谊街道50%	4264	0	4264				
	曙光街道50%	6406	0	6406				
	新生街道50%	4957	0	4957				

1.3　自然资源

辽河河口区地下蕴藏着丰富的石油、天然气、井盐等矿藏资源，辽河油田自20世纪60年代初勘探开发以来累计探明石油储量$22.4×10^8$t、天然气$2133×10^8 m^3$，共发现42个油田，投入开发39个油气田。2019年，生产原油$1007×10^4$t，天然气$6.3×10^8 m^3$，连续34年保持千万吨规模稳产。天然卤水资源分布面积达到$150km^2$，一般埋藏深度$30\sim100m$，其中矿化度在$30\sim60g/L$的天然卤水总储量约为$13.29×10^8 m^3$。

辽河河口区湿地资源十分丰富，全市除水稻田外的各类湿地面积达到$2496km^2$，其中自然湿地$2165km^2$、人工湿地$331km^2$。湿地保护面积$1240km^2$，占自然湿地的57.4%。拥有国家级和省级自然保护区各1处、国家湿地公园试点2处、省重要湿地1处和省级湿地公园3处。辽宁辽河口国家级自然保护区面积$800km^2$，并于2004年被列入《国际重要湿地名录》。广袤的湿地上栖息着各类野生动物450种，是丹顶鹤南北迁徙的重要停歇地、全球黑嘴鸥最大种群的繁殖地、斑海豹重要产仔地。

辽河河口区地处北温带，属暖温带大陆性半湿润季风气候。气候的主要特征是：四季分明，雨热同季，干冷同期，温度适宜，光照充裕。春季风大雨少，气候干燥；夏季高温多雨；秋季晴朗，降温快；冬季寒冷，降雪少。2018年平均气温10.2℃，最高气温36.4℃，最低气温−20.4℃。年总降水量380.3mm，降水最大月份为8月。年相对平均湿度60%，年日照时数为2459h。植物区划属华北植物区系，土壤类型多，野生植物生长快，密度大。共有野生植物70科242种，其中林木类33科119种，杂草类37科123种。野生杂草主要分布在农田，林间、沼泽湿地、滩涂等地。有些杂草还具有造纸、制药、食用、编织、榨油等经济价值。盘锦区域内多水无山，宜林条件差，有林地面积$7106hm^2$，立木

蓄积总量 $42.36\times10^4 m^3$，森林覆盖率为 4.8%。

辽河河口区共有野生动物 699 种，其中，鸟纲 236 种，哺乳纲 23 种，两栖纲 5 种，爬行纲 10 种，昆虫纲 300 种，鱼类 180 种。盘锦市分布有昆虫 11 目，共 77 科，合计 300 种。昆虫中，有害虫也有益虫，害虫主要危害农作物、果树、蔬菜、芦苇等。盘锦市南部沿海，3m 等深线以内沿岸浅海水域约 $1.9\times10^4 hm^2$，海贝类蕴藏量约 $2.7\times10^4 t$。

辽河河口区土壤类型受地形、气候和水文等自然条件影响，全部为非地带性土壤，主要有水稻土、盐土、风沙土、草甸土、沼泽土 5 个土类，10 个亚类，23 个土属，50 个土种。水稻土占全市土地总面积的 32.1%。盐土主要分布在西部及西南沿海地带，分为滨海盐土、草甸盐土和沼泽盐土。盘锦市土壤环境质量状况良好，主要农田、林草地和各自然保护区土壤无污染，盘锦市背景土壤环境质量基本处于比较自然的、清洁的状态。但是，在石油开采、加工区及周边地区石油烃类检出率较高，主要分布在油田井场、钻井泥浆池、油田矿区及周边地区，说明辽河油田初期的石油开采对周边环境造成一定影响。辽河河口区土壤污染重点区域分布在固体废物集中填埋、堆放、焚烧、处理、处置场地及周边地区、重点企业及周边地区、石油开采区及周边地区、工业园区及周边地区以及畜禽养殖基地及周边地区。

1.4　社会经济

2019 年，盘锦市实现地区生产总值 1216.6 亿元，比 2017 年增长 5.9%；一般公共预算收入 135.7 亿元，比 2017 年增长 14.2%；规模以上工业增加值 595.3 亿元，比 2017 年增长 11.8%；城乡和农村常住居民人均可支配收入分别为 39111 元和 17136 元，比 2017 年分别增长 7.2%和 7.5%。

2019 年，盘锦市拥有 15m 等深线以内浅海水域约 $2000 km^2$，鱼虾蟹贝资源蕴藏量约 $(4\sim5)\times10^4 t$，占辽东湾蕴藏总量的 70%；淡水水域 $1530 km^2$，适宜发展淡水养殖。盘锦大米、河蟹、河豚、泥鳅、碱地柿子 5 种农产品被批准实施国家地理标志产品保护。2018 年，全市水稻种植面积 159.9 万亩（1 亩＝$666.67 m^2$），产量 $104.2\times10^4 t$；河蟹养殖面积 160 万亩，产量 $7.2\times10^4 t$，盘锦市也因此被誉为"中国河蟹第一市"。全市农业产业化龙头企业发展到 62 家，已成立盘锦大米、盘锦河蟹两大产业联盟，拥有国家现代农业产业园、省级农产品加工示范集聚区各 1 家。全市国有农场现有 27 家、分场 232 家，拥有耕地 $832 km^2$。2019 年，耕地面积 $1573.5 km^2$，永久基本农田面积 $1127.8 km^2$。

盘锦市形成以油气采掘业为基础，以石化及精细化工为主导，装备制造、轻工建材、电子信息、粮油深加工等竞相发展的产业格局。2018年，全市规模以上企业达到252家，规模以上工业增加值总量和增速均位居辽宁省第三位；规模以上工业企业主营业务收入完成2558.3亿元，同比增长24.4%。其中，油气采掘业实现主营业务收入305.9亿元，占全市规模以上工业的11.9%；石化及精细化工行业实现主营业务收入1898.2亿元，占比为74.2%；装备制造行业实现主营业务收入46.3亿元，占比为1.8%；轻工建材行业实现主营业务收入112.8亿元，占比为4.4%；电子信息行业实现主营业务收入19.2亿元，占比为0.8%。

2017年，盘锦市商品房销售面积 $287.8 \times 10^4 m^2$，比2016年增长13.5%；商品房销售额113.9亿元，比2016年增长19.3%。2017年，盘锦市社会消费品零售总额393.3亿元，比2016年增长5.5%。分城乡看，城镇零售额344.9亿元，增长5.3%；乡村零售额48.3亿元，增长7.3%。分消费形态看，商品零售额355.3亿元，增长5.3%；餐饮收入额38.0亿元，增长7.8%。在限额以上批发零售业商品零售类值中，全年粮油、食品类零售额增长20.5%，饮料类零售额增长23.3%，烟酒类零售额增长13.7%，中西药品类零售额增长20.3%，日用品类零售额增长16.1%，汽车类零售额增长6.2%，石油及制品类零售额增长0.6%，金银珠宝类零售额下降8.2%，通信器材类零售额下降18.0%，家用电器类零售额下降26.4%。2017年，盘锦市进出口总额109亿元，比2016年下降23.2%。其中，出口总额21.3亿元，下降1.9%；进口总额87.7亿元，下降27.0%。分贸易方式看，一般贸易出口16.7亿元，下降17.6%；加工贸易出口3.7亿元，增长139.6%。一般贸易进口83.3亿元，下降27.5%；加工贸易进口3.7亿元，增长6.4%。分经济类型看，国有企业出口1.3亿元，增长21.6%；外商投资企业出口4.7亿元，增长128%；其他企业出口15.3亿元，下降17.5%。国有企业进口4.9亿元，增长227%；外商投资企业进口10.9亿元，增长11%；其他企业进口71.9亿元，下降33.6%。在出口总额中，机电产品出口3.7亿元，下降31.7%；高新技术产品出口0.3亿元，下降10.1%。在进口总额中，机电产品进口0.8亿元，下降8.8%；高新技术产品进口0.4亿元，下降19.7%。全年对亚洲出口12亿元，比2016年增长1.6%。其中，对日本出口1.3亿元，下降1%；对韩国出口4亿元，增长25.4%；对新加坡出口0.3亿元，下降50.5%。全年对欧盟出口3.2亿元，比2016年增长5.3%；对美国出口3.8亿元，增长51.2%；对非洲出口0.6亿元，下降24.3%；对拉丁美洲出口0.7亿元，下降66.6%。年末全市对外贸易国家（地区）90个。2017年，盘锦市外商直接投资1.97亿美元。分产业看，第二产业外商直接投资1.65亿美元；第三产业外商直接投资0.32亿美元。全年新签外商直接投资合同项目12项，比2016年增加3项；合同外资金额 1.63 亿美元，比 2016 年增长 4.2 倍。2017 年，盘锦市邮政业务总量 4.9 亿元，比 2016 年增长 44.3%。全年电信业务总量 31.0 亿元，比 2016 年增长 78%。年末固定电话用户 28.8 万户，下降 7.5%；移动电话用户 155.3 万户，增长 9.5%。年末（固定）互联网络用户 36.1 万户，增长 6.5%。2017 年，盘锦市接待国内外旅游者 2636.0 万人次，比 2016 年增长 16.3%。其中，接待国内旅游者 2624.6 万人次，增长 16.3%；接待入境旅游者 11.4 万人次，增长 2.1%。全年旅游总收入 219.9 亿元，比 2016 年增长 13.3%。其中，国内旅游收入 213.2 亿元，增长 16.3%；旅游外汇收入 9978 万美元，增长 3.0%。2017 年，盘锦市工业生产者出厂价格比 2016 年上涨 13.4%。其中，石油和天然气开采业生产者出厂价格上涨 39.1%，石油加工业生产者出厂价格上涨 13.2%，化学原料和化学制品制造业生产者出厂价格下降 4.2%，专用设备制造业生产者出厂价格与 2016 年持平。全年工业生产者购进价格比 2016 年上涨 2.5%。

2018 年，全市服务业增加值达到 503.6 亿元。旅游业支柱作用显现，拥有 A 级旅游景区 16 家（其中 4A 级 2 家）、星级旅游饭店 10 家、国际品牌酒店 7 家，民宿（农家乐）2000 间、床位 8600 张，2018 年旅游总收入 253.12 亿元。电子商务、商贸物流等现代服务业快速成长，拥有省级现代服务业聚集区 5 个、国家级优秀物流园区 1 个，全省重点培育特色商业街区 2 个，全省特色电商平台 3 个；金融业发展潜力大，共有银行机构 22 家，其中农信社 3 家、村镇银行 2 家，截至 2018 年末，银行业资产总额 1983 亿元，存款余额 1781.5 亿元，贷款余额 957.9 亿元。

1.5 气象气候

盘锦市属暖温带大陆性半湿润季风气候区。以 2011 年为例，平均气温 9.3℃，比历年平均值偏高 0.1℃，较 2010 年偏高 0.6℃。年总降水量 564.5mm，比历年平均值偏少 86.5mm，较 2010 年偏少 517.2mm。年总日照时数为 2780.5h，较历年平均值偏多 54.6h，较 2010 年偏多 215.5h。2011 年度极端最高气温 32.0℃，极端最低气温 −22.6℃。土壤在 11 月中旬开始冻结，下旬封冰；解冰期在 3 月上旬，4 月上旬化通。年内盘山站冻土深度最大值为 88cm（2 月 18～21 日），盘锦站冻土深度最大值为 73cm（2 月 9～11 日）；大洼站冻土化通时间为 4 月 7 日，盘山站的冻土化通时间为 4 月 10 日。年度降雪日数较常年偏少，大雾、雷暴日数接近常年，大风日数较常年明显减少。全年无霜期 182 天，终霜为 4 月上旬，初霜为 10 月中旬。全年总的气候特点是平均气温偏高，降水量偏少，日照时数偏多。年度主要天气、气候事件有大雾、大风、雷暴、暴雨、冻雨、寒潮等。

盘锦市多年平均降水深为 613.7mm，换算降水量为 $20.6 \times 10^8 m^3$。

降水量水资源分区分布情况如下：大辽河区为 591mm，辽河区为 522.5mm，绕阳河区为 506.3mm。辽河河口区降雨量如表 1-2 所示。

表 1-2 辽河河口区降雨量

月份	2017 年降水量/mm	2018 年降水量/mm
1 月	2.9	0.5
2 月	7.3	2.8
3 月		15.7
4 月	0.5	10.2
5 月	27.4	25.9
6 月	27.3	43.9
7 月	127.8	155.5
8 月	137.4	155.5
9 月	85.1	59.6
10 月	33.6	27.0
11 月	3.0	
12 月		
合计	452.3	496.6

1.6 水环境

2018 年盘锦市平均降水量 487.9mm，折合水量 $16.36 \times 10^8 m^3$，比历年平均值少 20.5%，比 2017 年多 10.1%；地表水资源量为 $1.429 \times 10^8 m^3$，折合径流深 42.6mm，比历年平均值少 41.1%，比 2017 年多 5.2%；地下水资源量为 $1.502 \times 10^8 m^3$，比 2017 年多 61.7%；全市水资源总量为 $2.011 \times 10^8 m^3$，比 2017 年多 7.9%。全市平均产水系数为 0.12，产水模数为 $6.000 \times 10^4 m^3/km^2$。

盘锦市降水时空分布不均。降水主要分布在 5~9 月。1~4 月降水量 33.9mm，占全年降水量的 6.9%，比历年平均值少 32.6%；5~9 月降水量 404.2mm，占全年降水量的 82.9%，比历年平均值少 21.5%；10~12 月降水量 49.7mm，占全年降水量的 10.2%，比历年平均值多 1.6%。全市降水量地区分布不均匀。大洼区降水量 531.9mm，盘山县降水量 463.0mm，兴隆台区和双台子区总降水量 422.3mm。

盘锦市水资源总量 $10.94 \times 10^8 m^3$。地表水资源主要靠降水和河川过境径流补给，域内多年平均降水是 623.2mm，年平均径流量 $2.58 \times 10^8 m^3$，境内多年平均河川径流总量 $72.04 \times 10^8 m^3$。此外，全市共建有 6 座水库，总面积为 75.7km²，总的库存容量为 $15474 \times 10^4 m^3$，另外还有 4.59km² 的景观水用地面积。地下水资源大部分集中于第四系地下水，每年可开采量为 $25516.778 \times 10^4 m^3$；第三系地下水资源的可开采总量为 $22 \times 10^4 m^3/d$。

　　盘锦市素有"九河下梢"之称，区域内河流较多，渠道纵横交错。境内共有大中小自然河流 21 条，河流总长 634km，总流域面积 3570km^2。其中，大型河流 4 条，包括辽河、大辽河、绕阳河和大凌河；中小型河流 17 条。包括辽河一级支流 6 条：一统河、太平河、小柳河、螃蟹沟、清水河、绕阳河。大辽河一级支流 2 条：外辽河、新开河。辽河二级以下支流 9 条，包括西沙河、张家沟、锦盘河、鸭子河、月牙河、大洋河、沙子河、丰屯河、潮沟。其中，外辽河与新开河是辽河与大辽河的连通河道。按水资源区划分，分为大辽河、辽河、绕阳河、大凌河四个四级区。盘锦市河流划分如表 1-3 所示，水库基本情况如表 1-4 所示。

表 1-3　盘锦市河流划分

河流名称	发源地	境内长度/km	境内流域面积/km^2	流经地区名称
辽河	河北省七老图山	116.0	2526	左岸：棠树林子乡、沙岭镇、坝墙子镇、吴家乡、渤海乡、新兴镇、赵圈河乡 右岸：陈家乡、城郊乡、陆家乡、新兴镇、东郭镇
绕阳河	阜新市察哈尔山脉	71.0	868	左岸：高升镇、得胜镇、太平镇 右岸：胡家乡、东郭镇
西沙河	阜新市国华乡	27.0	170	左岸：胡家镇 右岸：甜水乡、羊圈子镇
张家沟	北镇市廖屯镇	5.0	6	甜水乡
沙子河	北镇市医巫闾山	11.0	11	左岸：甜水乡 右岸：羊圈子镇
潮沟	凌海市全城	17.0	10	东郭镇
月牙河	北镇市医巫闾山	18.0	172	羊圈子镇
大羊河	凌海市杏黄寺山	14.5	78	羊圈子镇
东鸭子河	北镇市医巫闾山	3.5	4	甜水乡、羊圈子镇
西鸭子河	凌海市赵卜山	5.0	5	羊圈子镇
锦盘河	凌海市高峰乡	20.2	230	左岸：羊圈子镇 右岸：东郭镇
丰屯河	凌海市白台子乡	17.0	94	左岸：东郭镇 右岸：石新镇
小柳河	台安县	21.2	135	左岸：陈家乡 右岸：高升镇、陈家乡、城郊乡
旧绕阳河	盘山县高升镇	6.8	20	右岸：高升镇、喜彬乡、陈家乡
一统河	盘山县高升镇	18.0	63	高升镇、喜彬乡、太平镇、陆家乡、城郊乡
太平河	盘山县大荒农场	41.6	178	高升镇、喜彬乡、太平镇、陆家乡、新生街道
南屁岗河	凌海市金城	28.0	138	东郭镇、石新镇
大辽河	清原县滚马岭	95.0	1094	右岸：古城子镇、东风镇、西安镇、平安乡、田庄台镇、荣兴乡、辽滨乡、高家乡
外辽河	盘山县六间房	38.5	48	右岸：棠树林子乡、沙岭镇、古城子镇
新开河	盘山县二道桥子	25.9	156	左岸：沙岭镇、古城子镇、东风镇 右岸：吴家乡、坝墙子镇、新开镇、新立镇
大凌河	凌源市打鹿沟	22.0	130	东郭镇

表 1-4　水库基本情况一览表

水库名称	位置	汇入河流
荣兴水库	大洼区荣兴乡	大辽河
疙瘩楼水库	大洼区唐家乡	大辽河
三角洲水库	大洼区赵圈河附近	—
八一水库	盘山县陈家乡	小柳河
红旗水库	盘山县太平镇	绕阳河
青年水库	盘山县甜水乡	绕阳河

辽河在盘锦境内全长约为 62.92km，从东北流向西南，最终汇入渤海。辽河河口区在盘锦市境内共有两个控制单元，分别为辽河控制单元、绕阳河控制单元。辽河控制单元内有三个控制断面，分别为兴安控制断面、曙光大桥控制断面、赵圈河控制断面。绕阳河控制单元对应断面为胜利塘控制断面，包含小柳河、一统河、螃蟹沟、太平河、绕阳河、清水河共 6 条一级支流。

（1）辽河控制单元

兴安断面为辽河盘锦市入境断面。

曙光大桥断面位于 308 省道穿越辽河曙光大桥处，距赵圈河断面 22km。左岸是大洼区新兴镇，右岸是兴隆台区曙光街道。兴安断面下游至曙光大桥断面之间汇入辽河的水流有小柳河、一统河、盘锦市第二污水处理厂、螃蟹沟、太平河。

赵圈河断面位于兴辽路赵圈河大桥，为辽河入海断面。曙光大桥至赵圈河断面之间有绕阳河汇入，附近有清水河汇入。

（2）绕阳河控制单元

绕阳河胜利塘断面位于兴隆台区曙光街道，308 省道胜利塘大桥处。上游接纳盘山县污水处理厂、浩业化工、北方新材料产业园、曙光污水处理厂外排水。胜利塘断面下游 1.9km 处有锦盘河汇入，最终汇入辽河，经赵圈河断面后入渤海。

1.7　盘锦市污水处理现状

（1）城市生活污水产生量及处理现状

截至 2021 年，盘锦市共有 5 个城市污水处理厂，设计处理能力 30×10^4t/d，实际处理量 23×10^4t/d。

（2）农村生活污水产生量及处理现状

盘锦市共有 17 个城镇污水处理厂，设计处理能力 3.64×10^4t/d，实际处理量 0.7×10^4t/d。7 家已安装在线监控设施，8 家已安装流量计。

盘锦市共有 118 个村建设了小型污水处理设施，新增农村生活污水处

理能力 $297.14×10^4$ t/d。盘锦市共有 511 个氧化塘，水域面积 $133×10^4$ m^2。

（3）工业污水处理现状

盘锦市共有 5 个省级以上污水处理园区，设计污水处理能力 $19.15×10^4$ t/d，实际处理能力 $18.7×10^4$ t/d。2 个市级及以下污水处理园区，设计污水处理能力 $0.68×10^4$ t/d，实际处理量 $0.37×10^4$ t/d。

（4）城市雨污河流泵站排水情况

盘锦市干、支流共有雨污合流泵站 50 余个，汛期大量污水直排入河。

第2章
辽河河口区主要支流河整治方案

2.1 绕阳河

2.1.1 基本情况

绕阳河，辽河水系重要的河流之一。发源于辽宁省阜新市境内的察哈尔山，往东南流经阜新市、彰武县、新民市、黑山县、北镇市、辽中区、台安县、盘山县、兴隆台区共9个区县。绕阳河由北而南跨24个乡、镇、街道，340个村，总流域面积10360km²，河长290km。流域内土地肥沃，是重点粮油产区。绕阳河平均比降0.0026，河宽200～400m。

绕阳河在辽河河口区域（盘锦市境内）的流域面积为868km²，河段长71km，在高升镇后屯村流入盘山县。辽河河口区中绕阳河起点为绕阳河盘山县与台安交界处，终点为万金滩，共涉及盘山县和兴隆台区。其中盘山县涉及高升街道、得胜街道、太平街道、胡家镇、甜水镇、羊圈子镇、东郭街道、石新镇。兴隆台区涉及曙光街道和新生街道。

绕阳河在辽河河口区共设置3个国家级水质控制断面，分别为：庞家河柳家桥（庞家河入绕阳河前）、沙子河沟帮子镇（沙子河入绕阳河前）和绕阳河胜利塘（绕阳河干流）。其中，绕阳河胜利塘断面位于绕阳河干流下游。绕阳河水质按照《地表水环境质量标准》（GB 3838—2002）Ⅳ类水质标准考核。

盘锦市绕阳河流域以农田和苇田为主，主要居民聚集在盘山县城区、胡家镇政府、甜水镇政府、东郭镇政府、羊圈子镇政府、曙光街道办事处、苇海社区。

（1）绕阳河入境水量

从2017年10月30日08：00至2019年10月31日15：00绕阳河王回窝堡河道水情可以看出，绕阳河入盘锦境内流量很小，2018年全年没有入境流量，2019年仅在8月和9月有入境流量，其他各月入境流量基本为0。绕阳河调水过程复杂。每年春季，盘山县购买大辽河上游大伙房水库水，大伙房放水至大辽河，通过新开河将水从大辽河引入辽河，再从辽河通过西绕河引入绕阳河，供绕阳河。

（2）绕阳河水质

2018年绕阳河胜利塘断面水质监测数据如表2-1所示。

表2-1　2018年绕阳河胜利塘断面水质监测数据　　单位：mg/L

月份	COD	氨氮	总氮	总磷
4月	12	1.79	5	0.15
5月	55	0.97	4.58	0.22
6月	37	0.63	2.34	0.20
7月		0.58	2.02	0.22
8月	42	0.47	1.26	0.27
9月	26	0.18	1.49	0.23
10月	36	0.32	1.17	0.19
11月		0.36	1.27	0.22
均值	34.67	0.705	2.55	0.21
Ⅳ类标准	30	1.5	1.5	

2019年绕阳河鱼圈沟断面化学需氧量（COD）、氨氮、总磷含量分别如图2-1～图2-3所示。

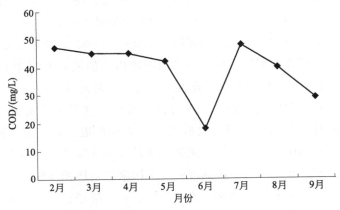

图2-1　2019年绕阳河鱼圈沟断面COD监测数据

2019年万金滩断面COD、氨氮、总磷含量如图2-4～图2-6所示。

2.1.2　现场调研情况

绕阳河入境至辽河入河口共有排口24个，其中右岸10个，左岸14个。

右岸：红旗站、军属站、杨家荒站、东胡站、毛家一站、毛家二站、胜利塘总干、鱼北站、鱼南站、油田三站。

左岸：前屯站、绕阳村站、大仓站、张家站、太平一站、太平二站、沟盘运河闸、龙家一站、龙家二站、双绕河闸、圈河站、油田一站、油

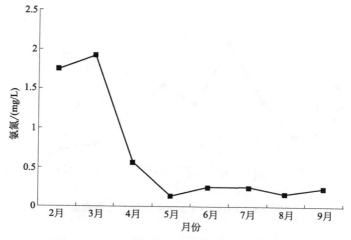

图 2-2　2019 年绕阳河鱼圈沟断面氨氮监测数据

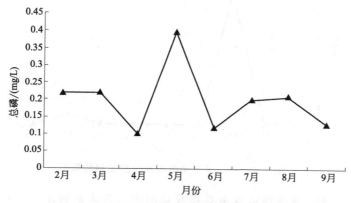

图 2-3　2019 年绕阳河鱼圈沟断面总磷监测数据

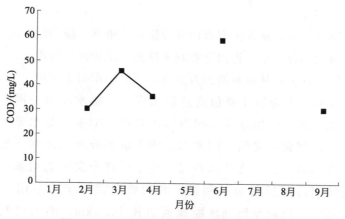

图 2-4　2019 年万金滩断面 COD 监测数据

田二站、新生泵站。

绕阳河一级支流河 6 条：东沙河、庞家河、羊肠河、西沙河、月牙河、丰屯河。

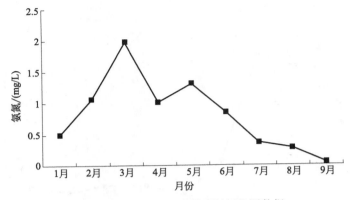

图 2-5　2019 年万金滩断面氨氮监测数据

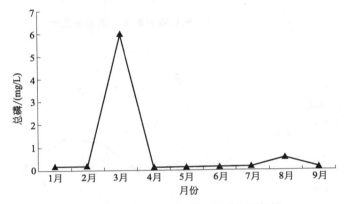

图 2-6　2019 年万金滩断面总磷监测数据

绕阳河从盘锦市盘山县高升镇后屯村进入盘锦境内，在盘锦市兴隆台区新生街道万金滩汇入辽河。根据流量和考核断面，盘锦绕阳河可以分为三部分。

第一部分：从入境至盘山县绕阳河二道闸，绕阳河上游段。

第二部分：从二道闸至胜利塘断面，绕阳河中游段。

第三部分：从胜利塘到万金滩河口，绕阳河下游段。

绕阳河上游段主要包括红旗水库，红旗水库有一闸和二闸，两道泄洪闸。由于红旗水库承担盘锦市盘山县胡家、甜水等乡镇的灌溉任务，二道闸常年关闭。因此二道闸上游部分和二道闸下游部分形成互不干扰的两部分。之所以在二道闸下游部分又分为两部分，主要是由于有绕阳河国控断面胜利塘，胜利塘断面位于二道闸下游部分的中间。其中二道闸至胜利塘断面河道长 14.3km，胜利塘断面至万金滩河口长 14.5km。

（1）绕阳河上游段

① 绕阳河入境。绕阳河从盘锦市盘山县高升镇后屯村入境。绕阳河上游段来水河流包括：东沙河、庞家河、羊肠河、西绕总干。

2019 年 7 月 23 日采用多普勒流速仪测定绕阳河入境断面流速为 0。绕阳河 210 省道桥水质监测情况如表 2-2 所示。

表 2-2　2019 年绕阳河 210 省道桥水质监测结果　　　单位：mg/L

位置	时间	氨氮	总磷	COD
绕阳河 210 省道桥	7 月 23 日	0.89	0.73	24.46

②　东沙河。绕阳上游段主要支流包括东沙河、庞家河和羊肠河。三条河流均从锦州市进入盘锦境内后汇入绕阳河。三条河流汇入处，锦州与盘锦以绕阳河主河道中心线为界。东沙河 210 省道桥水质监测结果如表 2-3 所示。

表 2-3　2019 年东沙河 210 省道桥水质监测结果　　　单位：mg/L

位置	时间	氨氮	总磷	COD
东沙河 210 省道桥	9 月 27 日	0.21	0.61	11.9

③　庞家河。庞家河流经黑山县，曾经是一条重污染河流，黑山境内居民普遍叫"黑水河"，至今庞家河柳家桥断面也是辽宁省生态环境厅督办的重污染河流之一。庞家河河口修建有锁堤，枯水期对绕阳河影响较小。庞家河水质监测结果如表 2-4 所示。

表 2-4　2019 年庞家河水质监测结果　　　单位：mg/L

位置	时间	氨氮	总磷	COD
庞家河柳家桥	9 月 27 日	1.5	0.45	16.9

④　羊肠河。羊肠河流经北镇新立乡。2019 年 9 月 27 日进行实地调研，羊肠河的河水较浅。羊肠河下游北镇市建立了湿地公园，整个羊肠河水几乎全部留在湿地公园中，枯水期对绕阳河干流影响较小。羊肠河新立乡桥水质监测结果如表 2-5 所示。

表 2-5　2019 年羊肠河新立乡桥水质监测结果　　　单位：mg/L

位置	时间	氨氮	总磷	COD
羊肠河新立乡桥	9 月 27 日	1.08	2.55	30.9

⑤　西绕总干河。绕阳河上游段主要来水，为西绕总干汇入。西绕总干的水是从辽河引入，也就是说绕阳河上游来水基本可以忽略不计，其上游段河水主要为辽河水，西绕总干和绕阳河通过张家排水站连接。绕阳河张家站水质监测结果如表 2-6 所示。

表 2-6　2019 年绕阳河张家站水质监测结果　　　单位：mg/L

位置	时间	氨氮	总磷	COD
绕阳河张家站	7 月 23 日	0.929	0.159	27.86

⑥　上游段排灌站。绕阳河入境至二道闸共有排灌站 13 个，其中右岸

6个，左岸7个。右岸：红旗站、军属站、杨家荒站、东胡站、毛家一站、毛家二站；左岸：前屯站、绕阳村站、大仓站、张家站、太平一站、太平二站、龙家一站。

绕阳河前屯排水站水质监测结果如表2-7所示。绕阳河起点氨氮、总磷和COD达Ⅳ类水质标准。

表2-7　2019年绕阳河前屯排水站水质监测结果　　　单位：mg/L

位置	时间	结果	氨氮	总磷	COD
绕阳河前屯排水站	7月23日	Ⅳ类	0.264	0.075	10.12

龙家排灌站水质监测结果如表2-8所示。2019年龙家一站排水量如表2-9所示。红旗排灌站水质监测结果如表2-10所示。

表2-8　2019年龙家排灌站水质监测结果　　　单位：mg/L

位置	时间	结果	氨氮	总磷	COD
龙家排灌站	7月23日	Ⅴ类	0.517	0.216	37.32

表2-9　2019年龙家一站排水量记录表（截至10月15日）

单位：×10⁴ m³

时间	台时	流量	日均流量
4月15日～5月15日	158	85.32	2.84
5月16日～6月15日	289	156.06	5.20
6月16日～7月15日	219	118.26	3.94
7月16日～8月15日	487	262.98	8.77
8月16日～9月15日	358	193.32	6.44
9月16日～10月15日	197	106.38	3.55

表2-10　2019年绕阳河红旗排灌站水质监测结果　　　单位：mg/L

位置	时间	结果	氨氮	总磷	COD
绕阳河红旗排灌站	7月23日	Ⅴ类	0.193	0.101	44.65

⑦ 绕阳河一闸。张家站水质监测结果如表2-11所示。

表2-11　2019年张家站水质监测结果　　　单位：mg/L

位置	时间	结果	氨氮	总磷	COD
张家站	7月23日	Ⅳ类	0.246	0.179	25.94

⑧ 盘山县污水处理厂外边沟。盘山县污水厂监测结果如表2-12所示。

表2-12　2019年盘山县污水厂监测结果　　　单位：mg/L

位置	时间	结果	氨氮	总磷	COD
盘山县污水厂	7月23日	Ⅳ类	0.438	0.382	25.68

盘锦绕阳河上游段水质较好，三条支流东沙河、羊肠河、庞家河水质虽均不能稳定达到Ⅳ类水质，但由于汇入绕阳河流量较小，对水质影响较小；盘锦绕阳河上游段主要来水方式为西绕运河从辽河调水，由于

辽河水质基本能够满足Ⅳ类水质标准，所以绕阳河上游段水质能够满足Ⅳ类水质标准。

盘锦绕阳河上游段主要污染源为龙家一站排水，该排水主要为浩业化工污水处理厂排水、盘山县污水处理厂排水、盘山县新材料产业园排水，水质为一级 A 水质；从龙家一站和龙家二站运行记录看，盘山县污水处理厂排水和浩业化工污水处理厂排水主要通过龙家一站排入绕阳河，龙家二站排水量较小。

由于绕阳河一闸和二闸非汛期几乎不开。绕阳河上游段对下游段的影响几乎可以忽略不计。

（2）绕阳河中游段

绕阳河中游段从绕阳河二道闸至绕阳河胜利塘断面。中游段是绕阳河的关键河段，因一道闸和二道闸几乎不开，此河段形成独立体系。

绕阳河中游段主要汇入口包括：中心站、龙家二站、双绕河汇入口；西沙河汇入口；圈河排水站汇入口；胜利塘总干汇入口；鱼北站汇入口 5 处。其中胜利塘总干和鱼北站为提水泵站，正常情况下不向绕阳河排水。所以绕阳河胜利塘断面水质主要受到中心站、龙家二站、双绕河汇入口，西沙河汇入口，圈河排水站汇入口影响。胜利塘断面流量估算如表 2-13 所示。

表 2-13　2019 年胜利塘断面流量估算表　　单位：$\times 10^4 \, \text{m}^3$

月份	中心站	圈河站	龙家二站	西沙河	总量
1 月	0	31.02	0	50	81.02
2 月	0	43.01	0	50	93.01
3 月	1.21	39.6	0	50	90.81
4 月	0	43.23	0	50	93.23
5 月	8.64	251.46	0	50	310.1
6 月	47.52	219.12	0	50	316.64
7 月	9.94	254.13	0	50	314.07
8 月	172.8	440.6	185.49	500	1298.89
9 月	74.74	389.75	0	50	514.49
10 月	0	87	0	50	137

表 2-13 中中心站、圈河站、龙家二站排水量由泵站运行记录计算得到，西沙河 2019 年 11 月 6 日实测高速公路桥断面流量为 $1.9 \times 10^4 \, \text{m}^3/\text{d}$，在此基础上对西沙河流量进行估算。2019 年 3 月和 8 月胜利塘断面流量贡献率分别如图 2-7 和图 2-8 所示。

从图 2-7、图 2-8 可以看出，在 2019 年 3 月份（枯水期）西沙河排水站的排水对绕阳河胜利塘断面流量贡献率超过 50%。2019 年 8 月份（丰水期）西沙河对绕阳河胜利塘断面贡献率超过 30%。

2019 年 9 月 COD 污染负荷贡献率如图 2-9 所示。绕阳河中段水文、水质情况如表 2-14 所示。

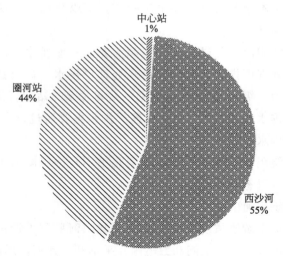

图 2-7　2019 年 3 月胜利塘断面流量贡献率

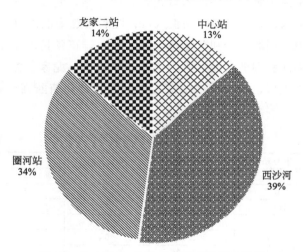

图 2-8　2019 年 8 月胜利塘断面流量贡献率

表 2-14　绕阳河中段水文、水质情况

项目	中心站	圈河站	西沙河	Ⅳ类水质
流量/($\times10^4$ m³/d)	74.74	389.75	50	
COD 浓度/(mg/L)	51.9	67.9	36.9	30

　　① 圈河排水站。通过现场实地调研，圈河排水站前集水池从南、北两个方向都有来水。南沟来自曙光采油厂污水处理厂方向。曙光采油厂，处理规模 1×10^4 t/d，执行辽地标（COD＝50mg/L）。北沟来自曙光七分厂家属区方向。圈河排水站距离胜利塘断面 3km，河道自净能力弱，对断面影响较大。

　　北沟主要接纳曙光采油厂废水，根据排污许可证，曙光采油厂的排水量为 1×10^4 t/d，其排水执行辽宁省地方排放标准。北沟水质监测数据如表 2-15 所示。辽宁省地方排放标准如表 2-16。

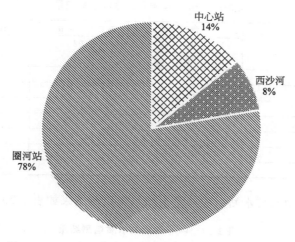

图 2-9　2019 年 9 月胜利塘断面 COD 污染负荷贡献率

表 2-15　北沟水质监测数据　　单位：mg/L

项目	COD	氨氮	总磷
北沟(2019 年 9 月 28 日)	67.9	0.864	0.369
北沟(2019 年 10 月 15 日)	60.9	1.35	0.513

表 2-16　辽宁省地方排放标准　　单位：mg/L

标准分类	COD	氨氮	总磷
辽宁地方标准	50	8(10)	0.5
Ⅳ类水质	30	1.5	0.3
Ⅴ类水质	40	2	0.4

圈河排水站南侧边沟在同一天，沟的不同位置水的颜色明显不一致。曙光七分厂地区没有生活污水处理设施，生活污水直排进欢曙公路北侧自然沟内，向沟内排污单位有：特油、盘锦监狱、公安局及周围居民散户。苇海社区边沟及南沟水质监测数据如表 2-17 所示。

表 2-17　苇海社区边沟及南沟水质监测数据　　单位：mg/L

项目	COD	氨氮	总磷
苇海社区边沟	70	1.72	2.348
南沟	48.9	1.82	1.42
Ⅳ类水质	30	1.5	0.3
Ⅴ类水质	40	2	0.4

② 龙家二站。2019 年龙家二站泵前边沟水质监测结果如表 2-18 所示。2019 年龙家二站排水量记录结果见表 2-19。

表 2-18　2019 年龙家二站泵前边沟水质监测结果　　单位：mg/L

位置	时间	结果	氨氮	总磷	COD
龙家二站泵前边沟	9 月 28 日	Ⅴ类	1.98	0.08	29.9

表 2-19　2019 年龙家二站排水量记录

日期	台时	流量/×10⁴ m³	日均流量/×10⁴ m³
8 月 2 日	13	7.02	7.02
8 月 5 日	16	8.64	8.64
8 月 8 日	12	6.48	6.48
8 月 11 日	13.5	7.29	7.29
8 月 12～14 日	185	99.9	33.3
8 月 16～17 日	63.5	34.29	17.45
8 月 18 日	27	14.58	14.58
8 月 21 日	6.5	3.51	3.51
8 月 24 日	7	3.78	3.78

③ 中心排水站。中心排水站水质监测结果如表 2-20 所示。

表 2-20　中心排水站水质监测结果　　　　　单位：mg/L

项目	COD	氨氮	总磷
2019 年 9 月 27 日	51.9	12.48	1.14
Ⅳ类水质	30	1.5	0.3
Ⅴ类水质	40	2	0.4

④ 西沙河。西沙河源头在阜新市国华乡大岭东南麓，至赵荒地水文站之南穿沟海铁路入盘山县境。全长约 104km，北镇、盘山边界段长 13km，盘山县内段长 17km。西沙河主要支流：鸭子河、张家沟河。2019 年西沙河 G1 高速公路桥、西沙河 305 桥监测数据分别如表 2-21、表 2-22 所示。

表 2-21　2019 年西沙河 G1 高速公路桥监测数据　　　　　单位：mg/L

日期	氨氮	COD	总磷
1 月 23 日	8.01	—	0.26
2 月 20 日	1.70	41	0.29
3 月 6 日	4.59	46	0.45
4 月 8 日	0.203	48	0.26
5 月 7 日	1.13	46	0.20
6 月 5 日	0.256	45	0.16
7 月 4 日	0.273	45	0.22
8 月 2 日	0.136	34	0.46
9 月 4 日	0.362	26	0.17
Ⅳ类水质	1.500	30	0.30
Ⅴ类水质	2	40	0.4

表 2-22　2019 年西沙河 305 桥监测结果　　　　　单位：mg/L

位置	时间	结果	氨氮	总磷	COD
西沙河 305 桥	7 月 23 日	Ⅴ类	0.83	0.11	38.9

西沙河 305 桥是西沙河入境断面，从上述监测数据可知，西沙河入境水质较差。

⑤ 张家沟河。2019 年张家沟河入境断面监测结果如表 2-23 所示。

表 2-23　2019 年张家沟河入境断面监测结果　　　　单位：mg/L

位置	时间	结果	氨氮	总磷	COD
张家沟河入境	9 月 27 日	V 类	2.77	0.35	18.9

⑥ 鸭子河。2019 年沟帮子污水厂及鸭子河鲜峰桥监测结果如表 2-24 所示。

表 2-24　2019 年沟帮子污水厂及鸭子河鲜峰桥监测结果　　　单位：mg/L

位置	时间	结果	氨氮	总磷	COD
沟帮子污水厂	9 月 27 日	V 类	0.51	2.35	14.1
鸭子河鲜峰桥	9 月 27 日	劣 V 类	9.42	1.03	40.9

绕阳河水主要由西沙河水、圈河排水站、中心排水站（含龙家二站和双绕河）排水三部分组成，三部分来水水质均为 V 类或劣 V 类水质标准，所以绕阳河中游段水质差。胜利塘断面不能满足 IV 类水质标准。三部分来水中，圈河排水站和西沙河水量贡献最大，圈河站 COD 污染负荷贡献率最大，西沙河未发现点源污染，水质差主要由面源污染和上游来水造成。

（3）绕阳河下游段

绕阳河下游段从绕阳河胜利塘断面至绕阳河河口。主要支流河有月牙河和丰屯河，其中月牙河又包括大羊河、锦盘河、西鸭子河。

① 月牙河。2019 年月牙河水质监测结果如表 2-25 所示。

表 2-25　2019 年月牙河水质监测结果　　　　单位：mg/L

项目	时间	氨氮	总磷	COD
入境	9 月 28 日	0.40	0.91	2.9
入绕阳河前	9 月 28 日	1.66	2.41	23.9
IV 类水质		1.5	0.3	30

② 大羊河。2019 年大羊河水质监测结果如表 2-26 所示。

表 2-26　2019 年大羊河水质监测结果　　　　单位：mg/L

位置	时间	结果	氨氮	总磷	COD
大羊河入境	9 月 27 日	劣 V 类	4.93	1.54	43.9

③ 西鸭子河。2019 年西鸭子河水质监测结果如表 2-27 所示。

表 2-27　2019 年西鸭子河水质监测结果　　　　单位：mg/L

位置	时间	结果	氨氮	总磷	COD
西鸭子河入境	9 月 28 日	V 类	1.33	0.07	31.9

④ 锦盘河入境。2019 年 9 月 28 日锦盘河入境处于断流状态。

⑤ 丰屯河入境。2019 年 9 月 28 日丰屯河入境处于断流状态。

⑥ 油田排水泵站（渠）。绕阳河下游段为油田采油区，在该区域内有

油田排水渠和排水泵站多处，2019 年油田排水泵站监测结果如表 2-28 所示。

表 2-28　2019 年油田排水泵站监测结果　　　　　单位：mg/L

项目	时间	氨氮	总磷	COD
油田泵站 1	8 月 27 日	1.47	0.153	20.17
油田泵站 2	8 月 27 日	1.03	0.281	26.22
Ⅳ类水质		1.5	0.3	30

⑦ 新生泵站。2019 年新生泵站监测结果如表 2-29 所示。

表 2-29　2019 年新生泵站监测结果　　　　　单位：mg/L

项目	时间	氨氮	总磷	COD
新生泵站前	8 月 27 日	1.57	0.381	28.79
Ⅳ类水质		1.5	0.3	30

⑧ 振兴造纸。振兴生态造纸有限公司污水处理厂处理规模 3.5×10^4 t/d，工艺为 气浮＋氧化沟＋氧化塘＋表流湿地，造纸厂承包东郭镇政府 17000 亩苇田作为表流湿地。

绕阳河共有一级支流河 6 条，分别是东沙河、庞家河、羊肠河、西沙河、月牙河、丰屯河。月牙河的支流包括锦盘河和大羊河。西鸭子河为大羊河支流。西鸭子河、大羊河水质均不满足Ⅳ类水质标准，月牙河入绕阳河前断面水质不满足Ⅳ类水质标准，超标污染物为氨氮和总磷。振兴生态造纸有限公司为零排放。

采样点 COD、氨氮、总磷分布分别如图 2-10～图 2-12 所示。

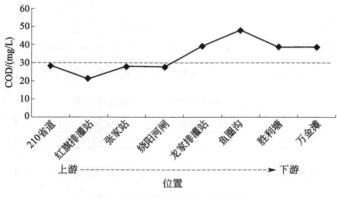

图 2-10　采样点 COD 分布图

从图中可以看出，氨氮浓度从上游到下游逐渐升高，除了龙家排灌站外，其他点位都达到了地表Ⅳ类水标准。张家站、绕阳河闸以上游地区 COD 可以达到地表Ⅳ类水标准。而龙家排灌站、鱼圈沟、胜利塘和万金滩下游区域为地表Ⅴ类水标准。沿绕阳河流线方向，上游至下游COD 浓度逐渐升高，并且龙家排灌站下游区域 COD 超过地表Ⅳ类水

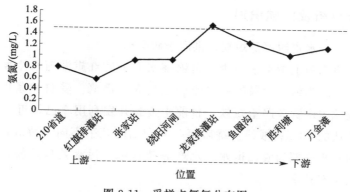

图 2-11　采样点氨氮分布图

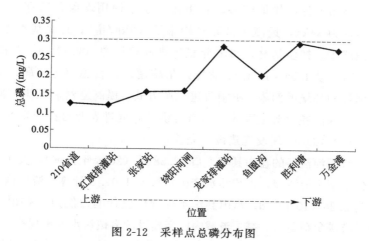

图 2-12　采样点总磷分布图

标准。

总磷浓度从上游到下游也是逐渐升高的,龙家排灌站和胜利塘断面出现 2 个峰值。整个绕阳河干流氨氮和总磷基本都可以达到Ⅳ类水标准,而 COD 在龙家排灌站下游区域至万金滩均为地表Ⅴ类水标准。

除了绕阳河干流,鸭子河和西沙河等支流 COD 浓度也超过了地表Ⅳ类水标准。支流的汇入对绕阳河下游区域 COD 浓度产生较大的影响。

从以上分析可以看出,绕阳河中下游段 COD 浓度水平达到地表水Ⅴ类标准。在绕阳河下游流域下游区域有盘山县污水厂排放口、曙光生活区、辽河油田和大量农田。盘山县污水厂、曙光采油厂、曙光七分厂等污水集中处理厂现在采用的都是一级 A 的排放标准(COD＝50mg/L)或者辽宁省地方污水综合排放标准。由于河道内缺少生态补水,河道内主要由农田退水、养殖排水和各污水处理厂排水组成。如果希望绕阳河达到Ⅳ类水标准,首先应考虑现有汇入河流和泵站的排水能否达到Ⅳ类水标准。

2.1.3 污染分析及问题识别

（1）水资源严重短缺，供需矛盾突出

绕阳河上游来水很少，盘锦绕阳河上游红旗湖河水主要依靠西绕河调水，绕阳河上游段的主要作用也是农田灌溉。受自然条件影响，绕阳河流域内水资源严重短缺，目前水资源开发利用率已接近60%，超过国际公认的40%警戒线。绕阳河一闸和二闸几乎不向下游放水，中下游河段内几乎全部为农田退水、水产养殖排水、污水处理厂排水，没有任何清洁生态补水。

（2）种植业面源污染源缺少治理措施

绕阳河沿岸耕地较多，农田化肥超量使用现象普遍存在，亩均化肥施用量为34kg，远高于世界平均水平（8kg/亩），面源基本无治理措施，污染严重。初步估算，2016年氨氮排放总量约102.11t/a，总磷19.94t/a，化学需氧量$1.95×10^4$t/a。化肥过量施用、盲目施用等问题，带来了成本的增加和环境的污染，亟须改进施肥方式，提高肥料利用率，减少不合理投入，保障粮食等主要农产品有效供给，促进农业可持续发展。

（3）污水处理设施建设不完善

绕阳河流经的盘山县有人口22.58万（2013年数据），其中有2/3的人口位于绕阳河流域，人均污水产生量按照150L/d计算，流域内产生污水量约为$2.26×10^4$$m^3$/d。盘山县污水处理厂设计能力仅为$1×10^4$$m^3$/d，而且还没有满负荷运行。减去流域内已经建设的乡镇污水处理规模和村级污水处理设施的处理规模，也就是说理论上每天仍有近$1×10^4$$m^3$的生活污水未经处理，以散排方式排放，随地表径流流入绕阳河或其支流，造成河流水体污染。

（4）纳污情况不良

绕阳河接纳了境外沟帮子镇污水处理厂尾水、曙光采油厂尾水、曙光七分厂、盘锦监狱、公安局等企事业单位的污水。这些污水和尾水均为劣Ⅴ类水质，造成水体中COD浓度持续走高。以绕阳河胜利塘断面为例，枯水期断面尾水和生活污水占断面总水量的50%以上。

（5）河道内养殖业缺乏管理

绕阳河和西沙河河道内有大量养殖塘。这些养殖塘均会定期排放水，养殖塘排水均为劣Ⅴ类水质，对绕阳河和西沙河影响很大。尤其是西沙河，西沙河沿河没有大型居民集聚区，主要是养殖排水和农田退水组成。多月监测结果显示，河流水质经常为劣Ⅴ类水质。管理部门应明确河道土地属性，适时清退河道内非法占用滩地养殖的鱼塘、虾圈、蟹塘。

（6）入境河流水质较差

绕阳河一级自然支流河有6条，分别为东沙河、庞家河、羊肠河、西沙河、月牙河、锦盘河。二级自然支流河有5条，分别是张家沟、鸭子

河、大羊河、锦盘河、西鸭子河。这 11 条河均为从锦州境内进入盘锦的跨境河流。11 条河流中 2 条断流，其他 9 条均为Ⅴ类或者劣Ⅴ类水质，对绕沿河水质没有提升，只有降低。

2.1.4　综合整治方案

绕阳河根据河闸与考核监测断面可以分为三部分，分别是绕阳河入境到二道闸；二道闸到胜利塘国控断面；胜利塘国控断面到万金滩。

整治方案主要针对胜利塘国控断面，以胜利塘断面达标为工程设计目标。由于二道闸全年仅在洪水期开闸，所以近期治理工程范围仅为二道闸至胜利塘断面。

二道闸至胜利塘断面主要来水为西沙河、中心排水站（含龙家二站、双绕河）、圈河排水站。三处来水均不满足Ⅳ类水质，三处来水均需要进行治理。

（1）生态补水工程

① 绕阳河胜利塘断面流量估算。由于缺少绕阳河胜利塘断面流量数据，初步计算中采用各汇入流量累加法进行估算，其中汇入的支流西沙河没有流量数据也为估算值。2019 年绕阳河胜利塘断面流量估算如表 2-30 所示。

表 2-30　2019 年绕阳河胜利塘断面流量估算　单位：$\times 10^4 \, \text{m}^3 / \text{月}$

月份	中心站	圈河站	龙家 2 站	西沙河	总量
1 月	0	31.02	0	5	36.02
2 月	0	43.01	0	5	48.01
3 月	1.21	39.6	0	5	45.81
4 月	0	43.23	0	5	48.23
5 月	8.64	251.46	0	5	265.1
6 月	47.52	219.12	0	5	271.64
7 月	9.94	254.13	0	5	269.07
8 月	172.8	440.6	185.49	100	898.89
9 月	74.74	389.75	0	5	469.49
10 月	0	87	0	5	92

② 水质的确定。以 2019 年 4 月份绕阳河胜利塘断面和双绕河外环桥断面水质作为测算依据，绕阳河胜利塘断面和双绕河外环桥断面水质监测数据具体如表 2-31 所示。

表 2-31　绕阳河胜利塘断面和双绕河外环桥断面水质监测数据

单位：mg/L

断面名称	COD	高锰酸盐指数	BOD_5	氨氮	总磷
绕阳河胜利塘	30	5.9	8.2	1.16	0.38
双绕河外环桥	30	6	5.4	0.765	0.15
Ⅳ类标准	30	10	6	1.5	0.3

从表 2-31 可以看出，2019 年 4 月份双绕河外环桥断面均满足Ⅳ类水质标准，但化学需氧量与Ⅳ类水质最低要求一致。

③ 双绕河向绕阳河放水量计算。以 BOD_5 为测算依据，4 月份胜利断面总 BOD_5 为 $8.2 \times 48.23 = 39.55kg$，Ⅳ类水质标准 BOD_5 为 $6 \times 48.23 = 28.94kg$。需要双绕河向绕阳河放水量为 $17.68 \times 10^4 m^3$。

以总磷为测算依据，4 月份胜利断面总磷量为 $0.38 \times 48.23 = 18.35kg$，Ⅳ类水质总磷量为 $0.3 \times 48.23 = 14.47kg$。需要双绕河向绕阳河放水量为 $25.87 \times 10^4 m^3$。

由于双绕河入绕阳河口距离绕阳河胜利塘断面距离为 12km，渗漏率按 50% 计算，需要从双绕河向绕阳河放水量为 $51.74 \times 10^4 m^3$。

每个月按 30d 计算，每天需要从双绕河向绕阳河放水量为 $1.72 \times 10^4 m^3$。

④ 双绕河调水量计算。双绕河水为辽河双台子河闸进水，2019 年 11 月 5 日 16 时现场调研时，双绕河双台子河闸处水位较低。

双绕河河宽在 40～50m 之间，取平均值 45m，河长 17km，双绕河蓄水深度为 2m 时，按照漏算率 50% 计算，需要从辽河调水量为 $45 \times 2 \times 17000 \div 0.5 = 306 \times 10^4 m^3$。

在双绕河灌满，满足供水条件，同时在沿双绕河无其他泵站提水且沟盘运河与双绕河分闸关闭的情况下，按照在双绕河中漏算率 50% 计算，需要每天从辽河调水 $1.72 \times 10^4 m^3 \div 0.5 = 3.44 \times 10^4 m^3$。这样才能满足双绕河末端每天有 $1.72 \times 10^4 m^3$ 水排入绕阳河。

通过双绕河从辽河向绕阳河调水，首先需要将双绕河灌满水量 $306 \times 10^4 m^3$，之后每天需要从辽河向双绕河调水 $3.44 \times 10^4 m^3$。

（2）镇级污水处理设施建设工程

绕阳河流经乡镇（街道）包括以下部分。

盘山县：高升镇、得胜镇、太平镇、甜水镇、胡家镇、羊圈子镇、东郭镇。兴隆台区：曙光街道、新生街道。

盘山县目前有 8 座乡镇污水处理厂，分别是高升街道、得胜街道、东郭街道、胡家镇、坝墙子镇、沙岭镇、古城子镇、欢喜岭生活区。绕阳河流域的 8 个乡镇中，太平镇为盘山县政府所在地。没有镇级污水处理设施的只有甜水镇、羊圈子镇和石新镇。

目前曙光街道大部分污水通过管网收集后输送至盘山县污水处理厂处理；新生街道污水处理厂扩建工作正在开展；兴隆台绕阳河流域缺乏污水处理设施的主要为曙光采油厂七分厂地区。

为了从源头杜绝污染，改善绕阳河水质，需要建设石新镇污水处理厂、羊圈子镇污水处理厂、甜水镇污水处理厂、曙光七分厂污水处理设施。

① 甜水镇污水处理厂。甜水镇紧邻盘锦北站，近年来发展较快，现

有污水处理厂已无法满足需要。通过扩建和提标，可以改善绕阳河水质，确保绕阳河胜利塘断面达标。

具体方案为对原有污水处理厂提标改造，并且扩建 1000m³/d 污水处理设施1座，采用水解酸化＋接触氧化工艺，建成后出水水质达到一级A标准，扩建规模达到 2000m³/d。

② 石新镇污水处理厂。新建 1000m³/d 污水处理厂1座，项目总建筑面积 1900m²，采用预处理＋A²/O＋深度处理工艺，配套污泥脱水、除臭及加药，出水水质达到一级A标准。

③ 羊圈子镇污水处理厂。新建生活污水处理厂1座，规模 2000m³/d；建设镇区污水管网 11.1km，建设污水提升泵站2座。

④ 曙光七分厂地区污水处理设施。规模 700m³/d，处理工艺采用强化 A²/O 工艺。

（3）龙家二站整治工程

龙家二站是一座排灌站，兴隆台区环保局在现场调研中发现，龙家二站有向双绕河排水的情况。由于龙家二站泵前边沟水质较差，因此对绕阳河水质有影响。

项目主要内容将龙家二站与双绕河排口封堵，同时龙家二站停止向绕阳河排水，边沟内的水全部通过龙家一站排入绕阳河二道闸上游。

（4）曙光街道排水沟清淤整治项目

曙光街道排水沟实现雨污分流，污水通过管网进入盘山县污水处理厂，雨通过边沟进入中心泵站，对边沟进行清淤整治，杜绝内源污染。

（5）西沙河表流湿地净化项目

西沙河腰铺建河闸，截断西沙河对绕阳河的影响，通过附近天然表流湿地系统净化西沙河水质。

（6）圈河泵站表流湿地水质净化项目

圈河排水站不直接进入绕阳河，通过曙光采油厂表流湿地净化后由胜利塘断面下游油田沟渠进入绕阳河。

2.2 小柳河

2.2.1　基本情况

小柳河位于盘锦市东部，辽河右岸，流量受季节影响较大，河水由东北向西南自流。小柳河起点位于辽宁省鞍山市台安县桓洞镇小河子村，流经盘山县、双台子区，流域包括盘山县陈家镇、双台子区统一乡，双台子区铁东街道，双台子区建设街道，最终在双台子区建设街道汇入辽河。小柳河流域面积 1266km²，河流全长 68.9km，其中盘锦段长度为 15.6km。盘山县小柳河从入境断面至大板桥，全长 9.6km。双台子区小柳河从大板桥至小柳河口，全长 6km。小柳河双台子段为感潮河道，也是汛期洪水回水河道。盘锦市小柳河两岸均有围堤，围堤堤顶路可以行驶、看护车辆，河堤两侧与堤内河水交换均通过泵站或闸进行。

小柳河共有控制断面 2 处（大板桥，盘山县；闸北桥，双台子区），2 个断面的目标水质均执行《地表水环境质量标准》Ⅳ类水质标准。近年的监测数据显示小柳河在 2019 年多次出现超标现象。而小柳河是辽河的主要支流，小柳河水环境综合整治对于辽河曙光大桥和赵圈河断面达标至关重要。

小柳河闸北桥和大板桥断面 2019 年水质监测数据分别如表 2-32、表 2-33 所示。

表 2-32   2019 年小柳河闸北桥断面水质监测数据   单位：mg/L

项目	COD	氨氮	总磷	BOD	高锰酸盐指数
1 月 7 日	25	0.708	0.09		
2 月 25 日	32	1.82	0.11		
3 月 11 日	32	5.4	0.12		
3 月 25 日	35	1.52	0.11		
4 月 16 日	56	0.622	0.15	5.9	6.9
5 月 15 日	66	0.847	0.15	6.7	9.7
6 月 14 日	30	0.331	0.04	6	4.7
7 月 15 日	32	0.371	0.1	7	6.9
8 月 15 日	14	0.535	0.11	3.6	4.4
9 月 16 日	25	0.406	0.35	2.4	4.8
10 月 14 日	25	0.407	0.17	5.2	7.7
均值	33.8	1.17	0.14	5.26	6.44
Ⅳ类标准	30	1.5	0.3	6	10

表 2-33   2019 年小柳河大板桥断面水质监测数据   单位：mg/L

项目	COD	氨氮	总磷	BOD	高锰酸盐指数
1 月 7 日	32	1.4	0.11		
2 月 25 日	49	1.31	0.14		
3 月 11 日	42	5.67	0.12		
3 月 25 日	38	1.17	0.13		
4 月 16 日	53	0.658	0.16	7.3	5.6
5 月 15 日	59	1.06	0.18	7.9	8
6 月 14 日	29	0.463	0.06	3.9	5.4
7 月 15 日	33	0.509	0.13	7.3	7.2
8 月 15 日	25	0.563	0.11	4.1	4.3
9 月 16 日	28	0.216	0.28	5.7	6.9
10 月 14 日	52	0.647	0.14	3.6	6.3
均值	40	1.24	0.14	5.6	6.24
Ⅳ类标准	30	1.5	0.3	6	10

从小柳河大板桥断面和闸北桥断面各月监测数据可以看出，主要超标污染物为 COD，两个断面 COD 普遍超标。氨氮和总磷只有个别月份超标。小柳河大板桥和闸北桥两个断面 COD、氨氮、总磷含量对比分别如图 2-13～图 2-15 所示（3 月份检测 2 次）。可以看出，除了 4 月、5 月、6 月三个月外，小柳河下游闸北桥断面的 COD 值均较上游的大板桥断面有所下降。

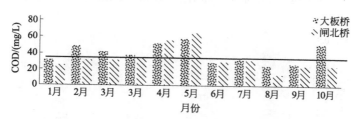

图 2-13　2019 年小柳河两个断面 COD 含量对比图

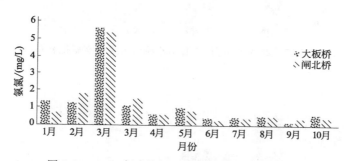

图 2-14　2019 年小柳河两个断面氨氮含量对比图

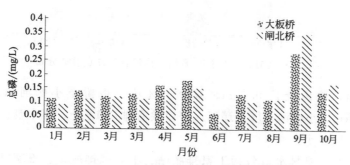

图 2-15　2019 年小柳河两个断面总磷含量对比图

2.2.2　现场调研情况

2019 年 6 月 25 日对小柳河从上游至下游进行了采样，采样点位分别为入境断面丁家桥、联合桥、大板桥、闸北桥。各采样点 COD、氨氮、总磷监测结果分别如图 2-16～图 2-18 所示。其中 4 个点位 COD 均超过Ⅳ类水质，氨氮和总磷满足Ⅳ类水质。监测过程中测定小柳河流速为零。

小柳河在盘锦市境内全长 15.8km。其中盘山县从入境断面至大板桥

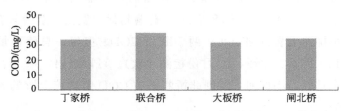

图 2-16　2019 年 6 月 25 日沿小柳河各采样点 COD 分布

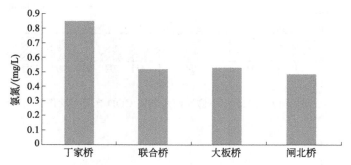

图 2-17　2019 年 6 月 25 日沿小柳河各采样点氨氮分布

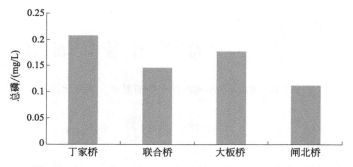

图 2-18　2019 年 6 月 25 日沿小柳河各采样点总磷分布

断面，境内全长 9.7km。双台子区从大板桥至小柳河口，境内全长 6.1km。小柳河入境至辽河入河口共有排口 11 个，其中盘山县 7 个，双台子区 4 个。

盘山县排水口包括丁家排灌站、小刘家排灌站、王家排灌站、王家导水渠、大板一站、大板二站、柳村营子自流闸；双台子区：设施农业自流闸（光正台村）、光伟自流闸、东地村自流闸、丰林路泵站。其中王家导水渠为引辽河水入小柳河渠道，主要作用是补充小柳河水用于灌溉。

（1）盘山县段

小柳河盘山县段排口有丁家排灌站、小刘家排灌站、王家排灌站、王家导水渠、大板一站、大板二站、柳村营子自流闸。非汛期只有王家导水渠向小柳河排水；小柳河盘山段水质主要受上游来水影响。2019 年上游来水普遍较差，COD 指标不能满足Ⅳ水质标准。

① 小柳河入境。小柳河从盘锦市盘山县陈家镇王家村小丁家窝棚入境，起点是按照小柳河大堤区分的河界。小柳河盘锦入境断面位于丁家桥上游 1.2km 处。2019 年 6 月 25 日，采用多普勒流速仪测定小柳河入境断面流速为 0。

② 丁家排灌站。丁家排灌站位于小柳河右岸，丁家桥下游 680m 处。主要用于八一水库和小柳河之间稻田灌溉和排涝。

③ 小刘家排灌站。小刘家排灌站位于小柳河左岸，丁家桥下游 710m 处。主要作用是小刘家村稻田灌溉和汛期排涝，其位置与丁家排灌站隔河相望。

④ 王家排灌站。王家排灌站位于丁家排灌站下游 1.5km 处，小柳河左岸。主要作用是王家村稻田灌溉和排涝。

⑤ 王家导水渠。王家导水渠是辽河和小柳河之间的连通区，依靠坡度，在水力条件合适的情况下，将辽河水引入小柳河，导水渠上没有泵站，依靠重力流从辽河向小柳河调水。2019 年 6 月 25 日现场调研时导水渠正在从辽河向小柳河调水。

⑥ 柳村营子自流闸。柳村营子自流闸位于小柳河左岸，大板桥上游 2.4km 处。主要作用是韩家村附近农田排涝。

⑦ 大板一站大板二站。小柳河盘山县段排口有丁家排灌站、小刘家排灌站、王家排灌站、王家导水渠、大板一站、大板二站、柳村营子自流闸。非汛期只有王家导水渠向小柳河排水，小柳河盘山段水质主要受上游来水影响。2019 年上游来水普遍较差，COD 指标不能满足Ⅳ水质标准。

（2）双台子区段

双台子区段共有排口 4 处：设施农业自流闸（光正台村）、光伟自流闸、东地村自流闸、丰林路泵站。

光伟自流闸自烈士陵园附近沟渠汇集最终流入小柳河，水质较差，而且晴天雨水管网也有水排出。在调研过程中，附近钓鱼群众反映下雨排水时，自流闸经常有含油的水排出。光伟自流闸监测结果如表 2-34 所示。

表 2-34　光伟自流闸监测结果　　　　　　　单位：mg/L

项目	时间	氨氮	总磷	COD
光伟自流闸	2019 年 10 月 15 日	2.34	0.843	32.9
Ⅴ类水质		2	0.4	40

东地村自流闸收集整个东地村附近的雨，污水最终排入小柳河。东地村自流闸前排水沟渠在晴天也有水流出，水质监测为劣Ⅴ类水质。

东地村自流闸监测结果如表 2-35 所示。

表 2-35　东地村自流闸监测结果　　　　　　　　单位：mg/L

项目	时间	氨氮	总磷	COD
东地村自流闸	2019 年 10 月 15 日	6.59	0.637	42.9
V 类水质		2	0.4	40

　　丰林路泵站位于丰林路大桥下。2019 年 10 月 15 日，现场调研当天未见丰林路泵站排水。

　　小柳河双台子区段 4 个排口中，有 3 个为自流闸，自流闸前水质较差，均为劣 V 类水质。这些劣 V 类水质随降雨进入小柳河，对小柳河闸北桥断面有一定影响；丰林路泵站为雨水泵站，但由于双台子区雨污没有实现彻底分流，尤其在汛期，污水通过泵站进入小柳河，对小柳河闸北桥断面有一定影响。

2.2.3　污染分析及问题识别

　　小柳河在盘锦境内仅 15.6km，盘山县境内 9.6km。小柳河水主要为上游台安县来水，还包括通过王家导水渠引辽河水。王家导水渠辽河进水口距离兴安断面仅 1.2km，但王家导水渠为自流渠，通过王家导水渠进入小柳河的水较少。从小柳河入境到大板桥的 9.6km 两侧只有农田和少量村庄，由于 2019 年 1～5 月份小柳河降雨量较小，从小柳河入境断面到大板桥的排灌仅有"灌"没有"排"，1～5 月大板桥监测断面的数据完全能够代表入境的水质，而且考虑到河流的自然降解能力，大板桥断面水质只能比入境断面水质更好。

　　2019 年 1～5 月份大板桥断面 COD 都超过地表水 IV 类水质标准，3 月份氨氮也超过了地表水 IV 类水质标准。说明 1～5 月份上游来水较差。

　　在没有外来汇入的情况下闸北桥断面水质应该好于大板桥。但实际监测结果显示，COD 指标 4 月、5 月闸北桥高于大板桥且均超过 IV 类水质标准；氨氮指标 2 月、3 月闸北桥高于大板桥且超过 IV 类水质标准；总磷指标 9 月闸北桥高于大板桥且超过 IV 类水质标准。由此可见在双台子区段外来汇入对水质的影响还是较大的。

　　在 4 次现场调研的过程中，均未发现双台子区的 4 处排口排水。但东地村自流闸和光伟自流闸的闸前水渠水样监测显示，渠内均为劣 V 类水质。这些水进入小柳河后必然会对小柳河闸北桥断面产生不良影响。盘锦市环保局也在巡查中发现丰林路泵站存在雨污合流排放问题，这也会影响小柳河闸北桥断面的水质。

2.2.4　综合整治方案

（1）丰林路泵站改造工程

由于北方河流生态水缺乏，河水流动性差，老城区雨污合流泵站对北方地区河流水质影响极大，需要对丰林路泵站进行改造。改造目的如下。

① 逐步实现雨污分流。杜绝污水从泵站直排进入小柳河。

② 对泵站排口进行改造。参考《山东省污水排放口环境信息公开技术规范》的要求，在排口设置采样点或生物池，可以使泵站排水在采样点或生物池内滞留，便于环境管理部门监测。

（2）东地村污水治理工程

东地村位于辽河干流和小柳河之间。该村已经列入政府动迁计划，新建永久性污水处理设施是不合适的。由于该地区沟渠较多，可以将沟渠改造成曝气氧化塘，减少该地区对小柳河的影响。

（3）光伟自流闸改造工程

光伟自流闸前水质较差，其沟渠从盘锦烈士陵园附近一直汇流至小柳河，沿途有农田、棚户区、旱厕、石化企业。现场调研过程中发现一些排口，在晴天也有水排出，且排出水质较差。整治具体措施如下。

① 实现该地区雨污分流。光伟自流闸前排口汇水来源较多，有多个水泥排水管。对排水管内水的来源进行明确，封堵非法设置排口，将污水管网进行合并收集，统一进入市政污水管网。

② 企业排水管控。在现场调研的过程中，根据小柳河钓鱼者反映，在下大雨时小柳河偶尔会有"含油黑水"。多次现场调研未发现石化企业有水排入光伟自流闸，无法对钓鱼者的描述进行确认。建议在光伟自流闸附近设置排口公示牌和举报电话，承诺举报奖励，杜绝企业对小柳河的影响。

（4）入境断面自动监测站建设工程

小柳河盘山段水质主要受到境外来水影响，水质不达标的主要原因也是上游来水水质不满足《地表水环境质量标准》Ⅳ类水质标准。因此主要任务是加强入境断面的监测。将入境断面水质监测纳入日常监测中，明确入境水质情况。

2.3　太平河

2.3.1　基本情况

太平河位于盘锦市北部，辽河右岸，流量受季节影响较大，河水由东北向西南自流，流经盘山县、双台子区、兴隆台区，流域包括高升街道、太平街道、得胜街道、统一镇、双盛街道、陆家镇、新生街道，最终在新生街道新风社区的太平河闸汇入辽河后入海。太平河无明确源头，是盘锦境内最大的一条排水河，是盘锦市防洪、排涝工程的重要组成部分，太平河内水为沿河各下水线汇水。一般以盘山县高升街道边北村作为太平河的起点。全长34km，流域面积235.93km²。

太平河共有省控断面1处（新生桥，兴隆台区）、市控断面2处（孙家桥，盘山县；太平河入干，兴隆台区），3个断面的目标水质均执行《地表水环境质量标准》V类水质标准。近年的监测数据显示太平河在枯水期均为劣V类水质。而太平河是辽河的主要支流，太平河治理与生态修复是辽河下游水质达标及渤海湾近岸海域污染控制的重要组成部分。

太平河2017年和2018年的水质监测数据显示，太平河水质较差，2017年太平河3个断面在7个月内的21个监测数据显示，属于劣V类的为11个，水质未达标率为52.38%。2018年1～9月份太平河3个断面26个监测数据显示，属于劣V类的为17个，水质未达标率为65.38%。近几年水质有进一步恶化趋势。2018年1月至2019年2月，太平河不同断面COD、氨氮、总磷监测数据分别如图2-19～图2-21所示。

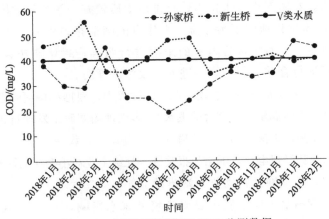

图 2-19　太平河不同断面 COD 监测数据

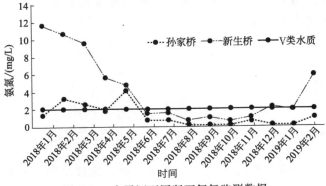

图 2-20　太平河不同断面氨氮监测数据

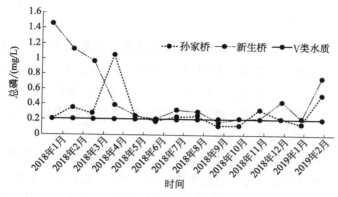

图 2-21 太平河不同断面总磷监测数据

太平河沿河建有 25 座泵站（闸、渠）。25 座泵站中，盘山 13 座、双台子 8 座、兴隆台 4 座。太平河排水口情况如表 2-36 所示。

表 2-36 太平河排水口情况

排水口名称	排水口类型	入河方式	排水口位置	责任单位
南关站	供排结合（农业）	泵站	高升镇南关村	盘山县水利局
陆家店站	供排结合（农业）	泵站	高升镇喜彬村	盘山县水利局
三道站	供排结合（农业）	泵站	大荒乡三道村	盘山县水利局
八沟站	供排结合（农业）	泵站	太平镇八沟村	太平镇水利站
兴隆站	供排结合（农业）	泵站	太平镇仙水村	太平镇水利站
朝阳站	供排结合（农业）	泵站	太平镇鸭子厂	大荒村水利站
太平孙家站	供排结合（农业）	泵站	太平镇孙家村	盘山县水利局
宋家村 3 组地下水渗滤排口	雨水、生活污水	明渠	双台子区宋家村	双台子区水利局
曙光物业三公司	雨水、生活污水	明渠	盘山县界碑 6	盘山县环保局
盘锦太平河沥青责任有限公司南排水渠	企业雨水、生活污水排污口	明渠	双台子区宋家村	盘山县环保局
宋家村雨排口（自流 1）	雨水、生活污水	明渠	双台子区宋家村	双台子区水利局
双台子开发区太平河排污站	混合污废水排口	泵站	双台子区开发区	双台子区市政管理中心
博物馆路与桐庐大街交汇处泵站	雨水、生活污水	泵站	盘山县博物馆路	盘山县住建局
双台子区水利局冯屯雨排站	混合污废水排口	泵站	双台子区冯屯	双台子区水利局
双台子区银河泵站	雨水、生活污水	泵站	双台子区	双台子区水利局
盘山县曙光雨水提升泵站	雨水、生活污水	泵站	盘山县城	盘山县住建局
井下太平河泵站	雨水、生活污水	泵站	井下地区	盘山县水利局
五棵站	供排结合（农业）	泵站	太平镇东五村	盘山县水利局
老虎屯排灌站	供排结合（农业）	泵站	陆家乡赵家村	双台子水利局
陆家排灌站	供排结合（农业）	泵站	陆家乡友谊村	双台子水利局
太平河排涝站（宏泰电力）	农业退水、雨水、生活污水	泵站	曙光地区（曙十三支北）	兴隆台区水利局
太平河自流闸（曙十三支）	农业退水、雨水、生活污水	闸	曙光地区（曙十三支）	兴隆台区水利局
大宜排灌站	供排结合（农业）	泵站	陆家乡陆家村	双台子水利局
新生雨排口 5 大队排涝口	农业、雨水	泵站	新生监狱北	兴隆台区水利局
新生景观园自流闸	雨排	泵站	新生地区	兴隆台区水利局

2.3.2 现场调研情况

太平河全长 34km，起点为盘山县高升街道太平河 102 线桥，终点为兴隆台区新生街道新风社区太平河闸。盘山县 17.9km，涉及高升街道（2.87km）、得胜街道（14.1km）、太平街道；双台子区 8.9km，涉及陆家镇、双盛街道、统一镇、精细化工产业园；兴隆台区 7.2km，涉及曙光街道、新生街道。

太平河大致可以分为三部分。第一部分从源头高升镇边北村到孙家桥，这部分河流主要穿过农村与农田。第二部分从孙家桥到老虎屯泵站，这部分主要穿过盘山县城区和双台子区城区。第三部分从老虎屯泵站到太平河闸，这部分主要穿过农田和鼎翔地区。

（1）太平河上游区

太平河上游段从高升镇 102 线桥到孙家桥，全长 17.9km。这部分河流主要穿过农村与农田。

太平河上游段仅起点的高升镇有大型企业和居民聚集区。高升镇已建有处理能力 5000m³/d 的生活污水处理厂一座。高升镇污水处理厂位于盘山县高升镇西莲花村，污水处理厂由辽宁某环境工程有限公司负责运行，污水处理厂采用恒水位 SBR 工艺，运行情况良好，出水水质稳定。2017 年全年水质监测次数 936 次，合格率 100%，2018 年处理量为 3000m³/d。处理后的污水排入三台子排干渠流入小柳河，最终汇入辽河。

① 太平河 102 线桥。太平河 102 线桥周围有多个排口，2018 年 11 月 14 日采样当天未见有水排出，监测结果表明太平河 102 线桥断面满足《地表水环境质量标准》Ⅳ类水质标准，但 COD 含量较高，接近临界值。2019 年 6 月 23 日，再次对太平河 102 线桥断面进行监测，现场实际情况为太平河 102 线桥处于断流状态。监测结果表明太平河 102 线桥断面满足《地表水环境质量标准》Ⅴ类水质标准，但 COD、氨氮、总磷含量均较高，接近临界值。太平河 102 线断面监测结果如表 2-37 所示。

表 2-37　太平河 102 线断面监测结果　　　　　　单位：mg/L

位置	时间	结果	COD	氨氮	总磷
102 线桥	2018 年 11 月 14 日	Ⅳ类	27.65	1.02	0.038
	2019 年 6 月 23 日	Ⅴ类	38.62	1.98	0.39

② 太平河南关排水站。太平河南关排水站为农业排涝泵站，跨太平河建设，南关排水站位于高升街道西侧，距离最近的居民区 2.1km。2018 年 11 月 14 日现场监测结果，河道流速为 0，河道表面长满浮萍。太平河南关泵站监测结果如表 2-38 所示。

表 2-38　太平河南关泵站监测结果　　　　　单位：mg/L

位置	时间	结果	COD	氨氮	总磷
南关泵站	2018 年 11 月 14 日	Ⅳ类	25.35	1.004	0.032

③ 太平河盘锦化工铁路桥。2018 年 11 月 14 日对盘锦化工铁路桥断面进行采样分析，该段河水颜色为黄色，太平河流速为零。COD 和总磷较低，但氨氮浓度高于 2mg/L 的地表水 V 类水质标准，该断面为劣 V 类水质。2019 年 6 月 19 日、2019 年 6 月 23 日赴同一地点调研，得知浩业化工污水经厂区污水处理后，沿污水管线输送 20km 后，在盘山县污水处理厂附近排入排水渠，最终进入绕阳河。太平河化工铁路桥断面监测结果如表 2-39 所示。

表 2-39　太平河化工铁路桥断面监测结果　　　单位：mg/L

位置	时间	结果	COD	氨氮	总磷
化工铁路桥	2018 年 11 月 14 日	劣 V 类	16.88	3.1575	0.024

④ 太平河喜彬村桥。太平河喜彬村桥位于太平河盘锦化工铁路桥下游 740m 处。2018 年 11 月 14 日河流水质和上游类似，仍有淡黄色，但较铁路桥断面有明显改善，原因可能是水流流速较慢，并且河道内芦苇密布，悬浮物能够很好地沉淀。2019 年 6 月 23 日太平河喜彬村桥水质浑浊，河道内和河道两侧有垃圾，水质较差，COD 超过 V 类水质标准。太平河喜彬村桥断面监测结果如表 2-40 所示。

表 2-40　太平河喜彬村桥断面监测结果　　　单位：mg/L

位置	时间	结果	COD	氨氮	总磷
喜彬村桥	2018 年 11 月 14 日	Ⅳ类	20.33	1.1861	0.028
	2019 年 3 月 15 日	劣 V 类	30.30	3.55	0.108
	2019 年 6 月 23 日	劣 V 类	41.3	1.065	0.22

⑤ 太平河陆家店排水站。太平河陆家店站断面监测结果如表 2-41 所示。太平河陆家店排水站位于太平河喜彬桥断面下游 2.36km 处。2018 年 11 月 14 日水面静止，水深 0.1m，水质清澈，透明度高。陆家店排水站上游河道芦苇密植，陆家店排水站下游河道芦苇较少，说明陆家店站汛期排水量较大，不利于芦苇生长。陆家店排灌站前水质较差、透明度较低。2019 年 6 月 23 日，太平河陆家店断面水质仍较混浊，芦苇的净化作用有限，没有达到预想的能够使水质变清澈效果，水质监测结果显示与喜彬村桥基本相同，COD 超过 V 类水质标准。

表 2-41　太平河陆家店站断面监测结果　　　单位：mg/L

位置	时间	结果	COD	氨氮	总磷
陆家店站	2018 年 11 月 14 日	Ⅳ类	25.69	0.7614	0.024
	2019 年 6 月 23 日	劣 V 类	44.8	1.065	0.22

⑥ 太平河三鸭线桥。太平河三鸭线桥位于北纬 41°18′47″，东经 122°6′57″，附近无大型企业，无居民聚集区。太平河三鸭线桥水质较混浊，无垃圾漂浮，周围均为稻田。太平河三鸭线桥断面监测结果如表 2-42 所示。四次监测结果表明太平河三鸭线桥断面满足《地表水环境质量标准》Ⅴ类水质标准。2019 年 3 月 15 日监测结果显示氨氮含量较高，接近临界值。该断面流量非常小，肉眼可见极小的跌水流量，但用多普勒流速仪测量，流速显示为 0。

表 2-42   太平河三鸭线桥断面监测结果   单位：mg/L

位置	时间	结果	COD	氨氮	总磷
三鸭线桥	2018 年 10 月 25 日	Ⅴ类	22.01	1.92	0.08
	2018 年 11 月 14 日	Ⅳ类	23.71	0.912	0.022
	2019 年 3 月 15 日	Ⅴ类	33.30	1.76	0.104
	2019 年 6 月 23 日	Ⅴ类	35.35	1.1	0.11

⑦ 太平河东外环后鸭子厂村。太平河东外环后鸭子厂村附近有后鸭子厂村和白岗子村，无大型企业。太平河东外环桥断面水质与上下游比较都较差，较差的原因可能是该河段附近有外源汇入，在项目组的几次调研采样过程中均未见有直接污水排入。在 2019 年 6 月 23 日的调研中，对太平河东外环桥旁的排水沟进行采样分析，氨氮、总磷满足地表水环境质量Ⅴ类水质标准，但 COD 高达 82.15mg/L。太平河东外环后鸭子厂村监测结果如表 2-43 所示。反复分析航拍图片，未见附近有企业，排水沟内可能为附近村庄生活污水排入。

表 2-43   太平河东外环后鸭子厂村监测结果   单位：mg/L

位置	时间	结果	COD	氨氮	总磷
东外环后鸭子厂村	2018 年 10 月 25 日	劣Ⅴ类	53.12	1.57	0.15
	2018 年 11 月 14 日	劣Ⅴ类	56.10	1.55	0.026
	2019 年 3 月 15 日	劣Ⅴ类	27.89	2.07	0.18
	2019 年 6 月 23 日	劣Ⅴ类	82.15	1.005	0.028

⑧ 太平河朝阳泵站。太平河朝阳泵站位于西绕总干与太平河之间，是连接西绕总干和太平河的泵站。太平河朝阳泵站距离太平河 860m。由于朝阳泵站连接西绕总干（上水线），水质较好，监测结果表明水质为Ⅳ类水质。太平河朝阳泵站监测结果如表 2-44 所示。

表 2-44   太平河朝阳泵站监测结果   单位：mg/L

位置	时间	结果	COD	氨氮	总磷
朝阳泵站	2018 年 11 月 14 日	Ⅳ类	20.41	0.8221	0.038

⑨ 太平河后腰砖厂桥。太平河后腰砖厂桥附近无大型企业，无居民聚集区。太平河后腰砖厂桥水质较混浊，水面静止无流量，无垃圾漂浮，周围均为稻田。太平河后腰砖厂桥监测结果如表 2-45 所示。监测结果表

明太平河后腰砖厂桥断面满足 V 类水质标准，但断面氨氮浓度较高，接近临界值。

表 2-45　太平河后腰砖厂桥监测结果　　　单位：mg/L

位置	结果	COD	氨氮	总磷
后腰砖厂桥	V 类	15.67	1.99	0.23

⑩ 太平河孙家庄村东山街桥。太平河孙家庄村东山街桥水面较宽，无流量，水面静止不动，周围均为稻田，无工业企业，未见排口。太平河东山街桥监测结果如表 2-46 所示。

表 2-46　太平河东山街桥监测结果　　　单位：mg/L

位置	时间	结果	COD	氨氮	总磷
东山街桥	2018 年 11 月 14 日	Ⅳ 类	22.22	0.7008	0.038

⑪ 太平河孙家桥。太平河大致可以分为三段，其中孙家桥是太平河上游段和中游段分界线，太平河流经孙家桥后将进入盘山县城区和双台子区城区，过孙家桥后两区以太平河为界，右岸归盘山县管理，左岸为双台子区管理。孙家桥附近无大型企业，但有孙家庄村和郑家两个居民集聚区。多次调研过程中，均未见孙家庄和郑家有明显污水排口。但在两村均 24h 供水的情况下，有可能部分生活污水排出居民家后，存在排水渠中，当发生降雨时，排水渠水位上升，污水随雨水一起进入太平河。

太平河孙家桥断面水面较宽，水面静止无流量，无垃圾漂浮，周围均为稻田。太平河孙家桥断面监测结果如表 2-47 所示。监测结果表明太平河孙家桥断面满足 V 类水质，2018 年 10 月 25 日监测结果氨氮浓度较高，接近临界值。

表 2-47　太平河孙家桥断面监测结果　　　单位：mg/L

位置	时间	结果	COD	氨氮	总磷
孙家桥	2018 年 10 月 25 日	V 类	21.06	1.94	0.16
	2019 年 6 月 30 日	V 类	36.89	1.16	0.094

（2）太平河中游段

太平河中游段从孙家桥到老虎屯泵站，全长 6.8km。中游段穿越盘锦城区，河流两侧不再是农田，而是企业和居民区。太平河中游段是盘山县和双台子区的界河。中游段右岸（北岸）为盘山县新县城，左岸（南岸）为双台子区精细化工产业园。

① 太平河中华路桥。中华路是盘锦市的第二中轴线，横穿整个盘锦市。太平河中华路桥断面水面较宽，水面静止无流量，无垃圾漂浮。周边企业众多，多为石化企业。附近有双台区雨排口 3 处，盘山县雨排口 2 处。太平河中华路桥监测结果如表 2-48 所示。

表 2-48　太平河中华路桥监测结果　　　　　　单位：mg/L

位置	时间	结果	COD	氨氮	总磷
中华路桥	2018 年 10 月 25 日	劣Ⅴ类	17.97	2.09	0.28
	2018 年 11 月 14 日	劣Ⅴ类	29.21	2.005	0.038
	2019 年 3 月 15 日	劣Ⅴ类	80.85	2.82	0.176
	2019 年 6 月 23 日	Ⅴ类	32.01	1.01	0.304

　　盘锦市太平河非常有特点，其河流周围有众多与河流平行的排水沟渠，当降雨量较小的时候，地表径流汇集在沟渠内，不排入河流。当降雨量大时，沟渠内长期存水和新近降水一起排入河流，导致太平河雨季时河道水质并没有明显变好。

　　② 太平河冯屯排水泵站。太平河冯屯排水泵站主要作用是将冯屯地区积水排出，由于冯屯地区正处于拆迁过程中，该泵站将来对太平河水质影响较小。但冯屯泵站入太平河前的排水沟水质较差，冯屯地区以平房为主，无下水管网，生活污水最终都存于排水渠内。排水渠内水在暴雨时，随着冯屯泵站的开启，雨水和渠内存水最终都进入太平河内。

　　太平河冯屯泵站断面水面较宽，水面静止无流量，无垃圾漂浮，2018 年 10 月 25 日，太平河冯屯排水泵站断面监测结果如表 2-49 所示。太平河冯屯泵站断面距中华路桥断面较近，距离约为 1.2km，水质明显劣于中华路桥断面，主要原因是太平河水几乎静止不动，外来污染注入后扩散较慢，同时污染物质在局部逐渐沉淀进入底泥系统，同时污染底泥作为新的污染源影响静止不动的局部水环境质量。

表 2-49　太平河冯屯排水泵站断面监测结果　　　　单位：mg/L

位置	时间	结果	COD	氨氮	总磷
冯屯排水泵站	2018 年 10 月 25 日	劣Ⅴ类	36.12	3.32	0.16

　　③ 银河泵站、曙光泵站。太平河桐庐大街段水质监测结果如表 2-50 所示。

表 2-50　太平河桐庐大街段水质监测结果　　　　单位：mg/L

位置	时间	结果	COD	氨氮	总磷
环城西路外环桥	2018 年 10 月 25 日	劣Ⅴ类	39.29	2.79	0.24
曙光泵站	2018 年 10 月 25 日	劣Ⅴ类	66.37	5.56	0.19
	2019 年 3 月 15 日	劣Ⅴ类	244.69	12.62	0.19
	2019 年 6 月 23 日	Ⅴ类	39.84	1.215	0.156
银河泵站	2018 年 10 月 25 日	劣Ⅴ类	29.32	2.64	0.15

　　④ 太平河老虎屯泵站。太平河老虎屯泵站段通过下虹吸管穿过双绕河，泵站周围未见大型企业和居民集聚区。

　　太平河老虎屯泵站断面水面静止，水质浑浊，悬浮物较多，水质感官较差。太平河老虎屯泵站断面监测结果如表 2-51 所示。但从监测结果来看，水质好于上游环城西路外环桥断面，尽管两者相距仅 680m，由此可以推断老虎屯泵站排水对太平河水质影响较小。

表 2-51 太平河老虎屯泵站断面监测结果   单位：mg/L

位置	时间	结果	COD	氨氮	总磷
老虎屯泵站	2018 年 10 月 25 日	Ⅴ类	27.91	1.94	0.38
	2019 年 3 月 15 日	劣Ⅴ类	194.4	12.08	0.666
	2019 年 6 月 23 日	Ⅴ类	26.07	1.295	0.158

（3）太平河下游段

太平河中游段从老虎屯泵站到太平河闸，全长 10.1km。下游段两侧以农田为主，只在鼎翔地区有居民区。

① 太平河宏泰泵站和曙十三支自流闸。太平河曙十五支桥位于老虎屯泵站下游 1.66km 处，距离下游宏泰泵站 3.15km，两岸以农田为主，未见排污口。

太平河宏泰泵站和曙十三支自流闸属于盘锦市兴隆台区管段，两点距离较近，约为 350m，且均位于太平河右岸。两处泵站周围未见大型企业和居民集聚区。泵站主要起降水排涝作用，在冬季对宏泰泵站和曙十三支进行调研，未见河道冰层融化、污水排入现象。经过实地调查，曙光采油厂及曙光街道办事处居民生活污水主要进入市政管网，少部分污水经过排水沟进入绕阳河。

太平河宏泰泵站和曙十三支自流闸监测数据如表 2-52 所示。

表 2-52 太平河宏泰泵站和曙十三支自流闸监测数据   单位：mg/L

位置	时间	结果	COD	氨氮	总磷
曙十三支自流闸	2018 年 10 月 25 日	Ⅴ	32.96	1.97	0.11
宏泰泵站河水	2018 年 10 月 25 日	Ⅴ	27.76	1.93	0.12
宏泰泵站进水	2018 年 10 月 25 日	Ⅴ	36.41	1.52	0.22
曙十五支桥	2019 年 6 月 23 日	劣Ⅴ	40.31	1.33	0.302
曙光街道排污沟	2019 年 3 月 15 日	劣Ⅴ	82.19	22.22	2.46

2018 年 10 月 23 日调研当天曙十三支自流闸流量较大，来水为农田退水，对水质监测结果显示满足地表水Ⅴ类水质标准，但 COD、氨氮浓度较高，接近Ⅴ类水限制。农田退水的水质一般介于地表水Ⅳ类水和Ⅴ类水之间，农田退水对于提升太平河水质标准的能力有限。

② 太平河大宜泵站。太平河大宜泵站位于太平河左岸，主要负责陆家镇地区排涝工作。2018 年 10 月 24 日调研当天，大宜泵站并未排水，抽取了泵站前和泵站后太平河内的水进行分析测试，太平河大宜站断面监测数据如表 2-53 所示。

表 2-53 太平河大宜站断面监测数据   单位：mg/L

位置	结果	COD	氨氮	总磷
大宜泵站进水	劣Ⅴ类	56.87	1.907	0.19
大宜泵站河水	Ⅴ类	34.12	1.52	0.12

结果表明泵站前水质较差为劣Ⅴ类水质，泵站后太平河内水质较好，为Ⅴ类水质。怀疑泵站前排水沟内含有陆家镇地区排出的生活污水。为此，项目组在2018年1月9日调研了陆家地区流向太平河方向的排水沟，未见有生活污水排放。由此可以推断泵前水质差的主要原因是存水时间长，底泥淤积导致的泵前集水池水质差。

③ 太平河新生地区段面。太平河新生地区共有2处排河口，分别是新生五大队雨排口和新生景观园自流闸。两处汇入点均位于太平河左岸，归属兴隆台区新生街道管理。其中新生景观园自流闸为从太平河向新生社区引水闸口，采样结果也显示闸口内外水质情况一致。太平河新生段断面监测数据如表2-54所示。

表2-54　太平河新生段断面监测数据　　　　　单位：mg/L

位置	时间	结果	COD	氨氮	总磷
新生五大队雨排	2018年10月25日	Ⅴ类	23.91	1.755	0.308
新生景观园自流闸河水	2018年10月25日	Ⅴ类	17.11	0.919	0.256
新生景观园自流闸进水	2018年10月25日	Ⅴ类	16.53	0.94	0.102
太平河闸	2019年6月23日	劣Ⅴ类	40.42	1.095	0.158
新生桥	2019年3月15日	Ⅴ类	14.68	5.44	0.134
新生桥	2019年6月23日	劣Ⅴ类	40.92	1.8	0.088

从2019年6月23日的太平河闸现场调研得知，虽然2019年6月18～20日，盘锦连续3天降雨，但太平河闸并没有开启，也就是说太平河相当于河道型水库，汇水范围内的地表径流汇入河道，但没有排出。

通过半年的现场调研分析测试结果来看，太平河整体水质较差，其起点最好水质为Ⅳ类水，且流量非常小，环境容量小。太平河为盘锦北部地区重要的排水河，孙家桥上游的上游段和老虎屯泵站下游的下游段水质相对较好，中游段水质较差。太平河在非汛期流速为零，基本上属于死水，不具备河流的基本属性，水中污染物的扩散能力较差。太平河水系水质报告如表2-55所示。

表2-55　太平河水系水质报告　　　　　单位：mg/L

位置	结果	COD	氨氮	总磷
三鸭线桥	Ⅴ类	22.01	1.92	0.08
东外环后鸭子厂村	劣Ⅴ类	53.12	1.57	0.15
后腰砖厂桥	Ⅴ类	15.67	1.99	0.23
孙家桥	Ⅴ类	11.06	1.94	0.16
中华路桥	劣Ⅴ类	17.97	2.09	0.28
冯屯排水泵站	劣Ⅴ类	36.12	3.32	0.16
银河泵站	劣Ⅴ类	29.32	2.64	0.15

续表

位置	结果	COD	氨氮	总磷
太平河锦绣花谷前泵站（曙光提升泵站）	劣Ⅴ类	66.37	5.56	0.19
环城西路外环桥	劣Ⅴ类	39.29	2.79	0.24
老虎屯泵站	Ⅴ类	27.91	1.94	0.38
宏泰泵站河水	Ⅴ类	27.76	1.93	0.12
曙十三支自流闸	Ⅴ类	32.96	1.97	0.11
大宜泵站河水	Ⅴ类	34.12	1.52	0.12
新生五大队雨排	Ⅴ类	23.91	1.75	0.308
新生景观园自流闸河水	Ⅴ类	17.11	0.91	0.256
Ⅴ类水标准		40	2	0.4

2018 年 10 月 25 日沿太平河从上游到下游采集的 15 个水样显示，太平河总磷均满足《地表水环境质量标准》Ⅴ类水质标准。

太平河曙光泵站的太平河 COD 指标超过《地表水环境质量标准》Ⅴ类水质标准，其他 14 个水样均满足《地表水环境质量标准》Ⅴ类水质标准。

太平河中游段从孙家桥下游到老虎屯泵站上游的氨氮均超过《地表水环境质量标准》Ⅴ类水质标准。可见对 COD 和氨氮的控制是太平河水质达标的关键。

太平河为人工修建的灌溉渠，是农田退水排放河（下水线），河宽在 5～10m 之间。太平河无明确源头，太平河起点最好水质为Ⅳ类水，环境容量较小。太平河流域坡度为 0.05%，非汛期几乎没有流量，污染物扩散能力差。初期雨水和农田排水进入河道后长期滞留导致太平河的水质普遍较差，太平河上游段和下游段水质相对较好，中游段受盘山县城区和双台子城区影响，水质较差。影响太平河水质的主要指标是氨氮和 COD。

2.3.3　污染分析及问题识别

（1）农田退水对太平河水质影响

季现超在盘锦地区稻田进行关于农田退水的相关实验。实验步骤如下。2015 年 4 月 23 日施尿素、氮磷复合肥、钾肥、磷肥混合的掺混化肥作为基肥结合翻耕入土，随后在 4 月 29 日灌溉整块稻田进行泡田，氮肥被土壤充分吸收后进行排水，在施基肥后，土壤肥力得到补充和改善，稻田于 5 月 20 日进行水稻幼苗插秧。稻田和农沟氮输入的采集日期分别为 4 月 23 日采集 0～20cm 施肥前剖面土样和作物秸秆，4 月 29 日采集田面水样，5 月 20 日采集作物幼苗，以及对 5～6 月份的降雨进行收集；氮输出的采集日期分别为 5 月 15 日采集泡田排水以及后续由降雨导致的排水，6 月 15 日采集作物、田面水样以及 0～20cm 剖面土样。研究结果如下。

① 5～9 月份氨氮沿沟渠水流方向的初始浓度为 1.5～2.0mg/L，出口浓度为 0.4～0.6mg/L。

② 6 月、8 月份氨氮沿沟渠流向浓度高于 5 月、7 月、9 月份。原因：

6月份是水稻生长初期，田间作物根系发育不完全，导致吸收的氮素较少；8月份是水稻成熟期，田间作物发育完全且氮素吸收饱和；两个时期都处于稻田施肥阶段，作物的生长情况导致氮利用率较低，大部分氮肥随径流进入沟渠，改变底泥 pH 值，使得底泥中有效水分被未溶解完全的氮肥溶解消耗，不利于硝化细菌的生长，抑制硝化细菌的活性，延长硝化过程，降低氨氮转化速率，导致氨氮浓度较高。

从上述研究可以看出，稻田退水氨氮浓度在0.4～2.0mg/L之间，具体数值随不同月份和退水沟渠长度变化而变化。2018年10月25日对曙十三支自流闸农田退水进行监测，COD 为 32.96mg/L，氨氮为 1.97mg/L，总磷为 0.11mg/L。退水为割水稻前退水，退水农田距离太平河非常近，属于最不利条件下退水，可见稻田退水对太平河水质影响较大。

（2）底泥对太平河水质影响

2018 年 11 月 2 日用 ADCP 多普勒流量仪对太平河孙家桥断面、博物馆桥断面、外环路桥断面、新生桥断面水文、底泥情况进行了测量。

① 孙家桥断面。断面宽度 24.4m，断面截面积 24.7m²，平均流速 0.017m/s，流量 0.618m³/s，最大水深 1.52m，平均水深 0.678m，平均底泥深度 0.25m。

② 博物馆路桥断面。断面宽度 34.9m，断面截面积 20.2m²，平均流速 0.02m/s，流量 0.401m³/s，最大水深 0.947m，平均水深 0.572m，平均底泥深度 0.2m。

③ 外环路桥断面。断面宽度 35.4m，面积 33.3m²，平均流速 0.017m/s，流量 0.573m³/s，最大水深 1.46m，平均水深 0.944m，平均底泥深度 0.24m。

④ 新生桥断面。断面宽度 36.8m，面积 44.4m²，平均流速 0.003m/s，流量 0.136m³/s，最大水深 1.88m，平均水深 1.21m，平均底泥深度 0.31m。

污染底泥是河流污染"源"和"汇"，污染底泥对水质的影响是一定的。清淤可以改善太平河的水质，但是断面水文数据可以看出，太平河底泥淤积并不严重，历时半年的调研监测过程中也未发现底泥厌氧现象。可见，对于太平河底泥整治并不迫切，切断污染源的汇入，才是太平河整治的重点。

（3）源头水质对太平河的影响

太平河属于下水河，也就是说汇入太平河的主要为稻田退水和汛期流域内的积水，整个河道内没有清洁补水汇入。而且由于河道比降很小，仅为 0.05‰，导致河水静止，流量很小，溶解氧能力差，无法发挥水体自净能力，在污水得不到有效控制的情况下，水质持续恶化。沿河 25 处泵站没有明确的汇入量，当持续降雨产生积水时，泵站启动向太平河排涝。按照太平河平均断面截面积 20m²，河长 34km，水质满足《地表水环境质量标准》Ⅴ类水质，那么太平河环境容量为 COD 272t，氨氮 13.6t，总磷 2.72t。

（4）城市排水管网对太平河的影响

从 2018 年 10 月 23 日、24 日两天的监测结果来看，太平河中段的水质较差，太平河中段流经双台子城区和盘山县城区，是两个行政区县的界河，在全长 6.8km 的中游段建有 5 处普通排水口和 5 处强排泵站排水口。排水口最大直径达到 2m。而且部分老城区还存在雨污合流制的管网，可以想象在盘山县污水处理厂和盘锦市第二污水处理厂基本满负荷运行、城区雨污合流制的情况下，每场暴雨都将导致大量的生活、生产污水进入太平河。

2.3.4　综合整治方案

太平河流域水环境综合治理具有典型性和复杂性，不可能一蹴而就，必须坚持高标准、严要求，全面、系统、科学、严格地进行长期不懈的治理。综合治理的基本思路是：综合治理，标本兼治；总量控制，浓度考核；三级管理，落实责任；完善体制，创新机制。遵照"截、提、清、育、管"的原则，采用全方位立体手段，实现水质改善的目标。

（1）泵站改造工程

太平河沿河共有 25 处主要排口，各排口的基本情况和对水质的影响如表 2-56 所示。

表 2-56　太平河主要排口基本情况和对水质的影响

排口名称	排口类型	入河方式	执行标准	责任单位	对水质影响
南关站	供排结合（农业）	泵站	一级 B 标准	盘山县水利局	0
陆家店站	供排结合（农业）	泵站	一级 B 标准	盘山县水利局	1
三道站	供排结合（农业）	泵站	一级 B 标准	盘山县水利局	1
八间站	供排结合（农业）	泵站	一级 B 标准	太平镇水利站	0（西绕总干）
兴隆站	供排结合（农业）	泵站	一级 B 标准	太平镇水利站	0（西绕总干）
朝阳站	供排结合（农业）	泵站	一级 B 标准	大荒村水利站	0（西绕总干）
太平孙家站	供排结合（农业）	泵站	一级 B 标准	盘山县水利局	1
孙家村 3 组地下渗滤排口	雨水、生活污水	明渠	一级 B 标准	双台子区水利局	2
曙光物业三公司排口	雨水、生活污水	明渠	一级 B 标准	盘山县环保局	2
盘锦太平沥青责任有限公司南排水渠	企业雨水、生活污水排污口	明渠	地标直排标准	盘山县环保局	2 水质差
宋家村雨排口	雨水、生活污水	明渠	一级 B 标准	双台子区水利局	2（断流）
双台子开发区太平河排污泵站	混合污废水排口	泵站	地标直排标准	双台子区市政管理中心	2
博物馆路与桐庐大街泵站	雨水、生活污水	泵站	一级 A 标准	盘山县住建局	2（锦绣花谷湖排口）
双台子区水利局冯屯雨排站	混合污废水排口	泵站	地标直排标准	双台子区水利局	2

排口名称	排口类型	入河方式	执行标准	责任单位	对水质影响
双台区银河泵站	雨水、生活污水	泵站	一级A标准	双台子区水利局	2
盘山县曙光雨水提升泵站	雨水、生活污水	泵站	地标直排标准	盘山县住建局	2
井下太平河泵站	雨水、生活污水	泵站	一级A标准	盘山县水利局	0
五棵站	供排结合(农业)	泵站	一级B标准	盘山县水利局	0(双绕河)
老虎屯排灌站	供排结合(农业)	泵站	一级B标准	双台子水利局	1
陆家排灌站	供排结合(农业)	泵站	一级B标准	双台子水利局	1
宏泰排涝站	农业退水、雨水、生活污水	泵站	一级B标准	兴隆台区水利局	1
曙十三支自流闸	农业退水、雨水	闸	一级B标准	兴隆台区水利局	1
大宜排灌站	供排结合(农业)	泵站	一级B标准	双台子水利局	1
新生雨排口5大队排涝口	农业、雨水	泵站	一级B标准	兴隆台区水利局	1
新生景观园自流闸	雨排	泵站	一级B标准	兴隆台区水利局	0

注：0表示对水质几乎没有不良影响，1表示有不良影响，2表示不良影响较大。

0类排口和1类排口主要为农田水利用的供排结合泵站排口。2类排口全部集中在太平河中游段，2类排口根据排河方式又可以分为两类。一类为闸板控制，明渠自流入河。这类治理工程主要体现在沿河村庄治理工程中，通过村庄垃圾、污水的收集，减少排口对太平河的影响。另一类为泵站强排入河。具体包括以下5处：双台子开发区太平河排污泵站、博物馆路与桐庐大街交汇泵站、双台子区水利局冯屯雨排站、双台子区银河泵站、盘山县曙光雨水提升泵站。这5处泵站中双台子区银河泵站和盘山县曙光雨水提升泵站比较有代表性。

开发区污水经过污水处理厂处理后排入一统河，区内雨水通过银河泵站和太平河泵站排入太平河。银河泵站为雨水强排泵站，只有当区内发生内涝，雨水无法排出时，泵站才启动。但通过近半年的实际调研，该泵站在无降雨和冬季也向太平河内排水，说明开发区内存在污水从雨水管网排放问题。

盘山县曙光泵站也是雨水强排泵站，其雨水收集范围为府前街、井下路、桐庐大街、棉江路围成的区域。

在半年的实际调查中发现，该泵站经常外排污水，水质极差。盘山县曙光泵站污水直排照片如图2-22所示。

经与盘山县住建部门沟通，得知所排污水为曙光泵站集水井内存水。该泵站集水井体积为25m×25m×14m，在冬季和春季非汛期对泵站进行检修，对集水井进行清掏、清洗。曙光泵站在汛期排水靠液位计控制，排水流量为9.8m³/s。

① 泵站改造目标。实现排口排水现状随时可查。检修及初期雨水不进入太平河。

按照降雨为5mm，地表径流系数取0.5，曙光泵站汇水面积为3.06km²，需要集水池容积7655m³。目前曙光泵站集水池容积为

图 2-22　盘山县曙光泵站污水直排照片

$8750m^3$，基本满足需要，但需要进行初期雨水分流收集改造。

② 工艺设计。曙光泵站雨水流量为 $9.8m^3/s$，按调蓄池调蓄 20min 计算，则调蓄池容积 $V=9.8m^3/s \times 20min \times 60 = 11760m^3$，则调蓄池容积取 $12000m^3$。调蓄池平面尺寸 $L \times B = 56m \times 26.5m$，有效水深 8.6m。

在现有入泵站的管渠上，设置一座闸门井，通过闸门的启闭控制，初期雨水流入调蓄池中，不污染太平河。调蓄池内设置 2 台潜污泵，在旱季时，将调蓄池内的初期雨水排入曙光泵站附近的污水管道中，排空时间 24h。

③ 主要工艺设备。水泵采用潜水泵，水泵的扬程较大且变化范围较广，所以选择一大一小 2 台潜污泵，没有备用泵。选用 2 台潜水排污泵，在 24h 内排空调蓄池内的水，自动耦合安装，带有自动搅匀功能，水泵性能参数分别为：

$Q=750m^3/h$，$H=5.1m$，$p=22kW$，同时，保证水泵满足 $Q=500 \sim 900m^3/h$，$H=3 \sim 9m$；

$Q=550m^3/h$，$H=10m$，$p=30kW$，同时，保证水泵满足 $Q=300 \sim 670m^3/h$，$H=7 \sim 14m$。

（2）排污口整治工程

排污口的整治分为三部分。

① 明确太平河排污口的数量。太平河排污口数量众多，除了最重要的 25 处排污口外，在半年的调研过程中还发现了一些小排污口，例如：在营盘客运线铁路桥附近的 2 处排污口。对于这类排口应明确归属，统一管理。各县区应结合太平河河长制的管理，进一步明确太平河排口数量。

② 取缔不合理排口。盘锦属于辽河下游河网密集区，在太平河两侧均有众多排水沟渠，在枯水期这些排水沟渠内积存了区域内的各种城市、农田、企业的排水，当降雨量较大或者进入丰水期后，沟渠内的存水随新进降水一同进入到太平河中，这就是在连续 3 天降雨后，太平河水质没

有明显好转的原因之一。所以下一步应结合土地和水利规划，对在规划范围外的沟渠进行整理，减少存水沟数量，取缔不合理排水口。

这类排口中的典型例子就是太平河化工厂旁的排水沟，平时聚集大量黑臭水体，水质经盘锦市环境监测站采样，结果为 COD 56mg/L，总磷 0.5mg/L。考核标准为 COD 40mg/L，总磷 0.4mg/L，属于劣 V 类水质。平时沟内为死水，不排放，在暴雨时沟内黑臭劣 V 类水与降水一起排入太平河。

③ 排口及采样点设置技术要求。太平河所有非农田退水排口，均应设置开放式污水采样点，方便采样和流量测定，有压雨排口应安装取样阀门，排水面在地下或距地面大于 1m 应建设取样台阶或梯架。

企业或城镇污水处理厂排污口应设置排口生物指示池。指示池体进、出水口需与排水管（渠）相连通，确保水流能够自然地、持续顺畅地通过生物指示池。具体可参见《山东省污水排放口环境信息公开技术规范》（DB37/T 2643—2014）。

（3）河道曝气工程

臭氧曝气复氧对消除水体黑臭的良好效果已被国内一些实验室试验及河流曝气中试所证实。其原理是进入水体的溶解氧与黑臭物质（H_2S、FeS 等还原性物质）之间发生了氧化还原反应。对于长期处于缺氧状态的黑臭河流，要使水生态系统恢复到正常状态一般需要一个长期的过程，水体臭氧氧化复氧有助于加快这一过程。由于河道曝气臭氧氧化复氧具有效果好、投资与运行费用相对较低的特点，故已成为一些发达国家如美国、德国、法国、英国在中小型污染河流污染治理经常采用的方法。

臭氧曝气复氧的工程实施方式有原位和异位两种。对流动性好或大流量的河道水，异位处理是一种比较好的选择，通过在岸边建设臭氧接触池等工艺构筑物，更容易控制臭氧与河水的混合和接触反应的条件，提高臭氧转移效率，也减少了臭氧环境泄露的风险。河水泵抽到岸上处理构筑物，或者利用高程差自流到岸边半地下构筑物，经过处理后再排至下游，可用于河道干流治理。

太平河属于半静止的小流量河道，建议采用原位氧化处理，如图 2-23 所示。

小剂量的臭氧射流器投加可以选择较小的气水比，取得高效的混合溶解效果。尽量控制臭氧投加量≤10mg/L，主要功能为氧化作用，降低 COD 和氨氮指标。

臭氧发生装置采用一体化设备。臭氧一体化集装箱由制氧机、臭氧高级氧化发生器、冷水机、微纳米气泡投加系统、物联网控制系统、快速反应及分解器等构成。臭氧曝气位置选在外环西路桥以东 500m。此处

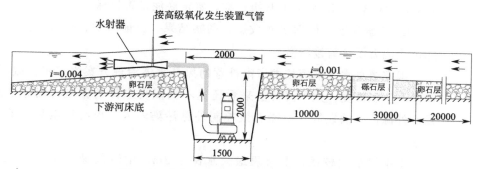

图 2-23　臭氧高级原位氧化处理（单位：mm）

交通便利，通电也相对方便，而且处于太平河污染最重的中游段的下游，对水质改善效果较明显。

（4）生态调水工程

太平河无明确源头，河道内水主要为地表径流汇集和农田退水，由于太平河流域全年降水较少，地表径流汇集的过程中将大量地表污染物冲刷入河道内，导致河道水质较差，通过生态调水补充太平河生态流量是改善太平河水质的有效方法。

太平河通过下虹吸的方式分别穿过西绕总干和双绕河。补充生态水有两个途径：一是通过朝阳站和孙家荒闸从西绕总干调水，西绕总干为Ⅳ类水；二是通过老虎屯泵站或者五棵站从双绕河调水，双绕河为Ⅳ类水。根据 2018 年太平河枯水期 COD 浓度为 50mg/L 计算，需要河水等量Ⅳ类水来稀释和补偿环境容量（如果按照氨氮的环境容量计算需要Ⅳ类水的量更大）。由于枯水期太平河流速为零，为了保证太平河新生桥断面达标，太平河新生桥断面流量保持 $1m^3/s$，那么，在枯水期需要从西绕总干或者双绕河调水 $86400m^3/d$。

（5）内源治理工程

运用多普勒流速仪测定太平河河道淤泥深度一般小于 30cm，盘锦市河长制办公室和盘锦市水利勘测设计院编制的《太平河"一河一策"治理及管理保护方案（2018—2020 年）》中对于底泥治理也没有提出要求。但是盘锦市双台子区人民政府办公室编制的《太平河（双台子区段）综合治理方案》中指出太平河双台子段淤积严重，河道淤积深度为 1～1.5m，应采取清淤的方式对底泥进行处理。调研过程中也发现在 2018 年 3 月太平闸段底泥有明显厌氧现象发生。所以，下一步应该对太平河底泥情况进行详细勘察，对不同断面底泥深度、污染程度进行分析，明确底泥深度和污染程度。

① 清淤范围。依据实测数据，结合排涝计算结果，同时考虑各级别考核断面具体情况，确定清淤范围。底泥检测依据《农用污泥污染物控

制标准》(GB 4284—2018) B 级标准，鉴定底泥是否超标。

② 清淤深度。依据实测数据、勘察结果、保证防洪、排涝安全、保障过流能力设计疏浚清淤。

国家黑臭水体治理技术指南推荐的黑臭水体治理方案为三步：截污、清淤、生态修复。太平河目前来看还达不到黑臭水体的标准，当务之急是对外源污染的控制，不能有效控制外源污染输入，单纯清淤只是治标不治本。

太平河水比较浅，上游段最大水深 1.2m，中游段最大水深 1.5m。所以在有风的情况下，河水底泥非常容易被水搅起，导致河水浑浊。进行底泥清淤对提高太平河水的透明度、提升水质指标是有好处的。

（6）河道生态修复工程

太平河的流量特点和韩国清溪川有相似性。韩国在 20 世纪 50~60 年代，由于经济增长及都市发展，清溪川曾被覆盖成为暗渠，清溪川的水质亦因废水的排放而变得恶劣。在 20 世纪 70 年代，还在清溪川上面兴建高架道路。2003 年 7 月起，在首尔市长李明博推动下进行重新修复工程，不仅将清溪高架道路拆除，重新挖掘河道，为河流重新美化、灌水及种植各种植物，还征集兴建多条各种特色桥梁横跨河道。复原广通桥，将旧广通桥的桥墩混合到现代桥梁中重建。修筑河床以使清溪川水不易流失，在旱季时引汉江水灌清溪川，以使清溪川长年不断流，分清水及污水两条管道分流，以使水质保持清洁。工程总耗资 9000 亿韩元，在 2005 年 9 月完成。清溪川现已成为首尔市中心一个休憩地点。韩国清溪川河道演变过程如图 2-24 所示。

图 2-24　韩国清溪川河道演变过程

建议在太平河中段，在河道内水深小于 50cm 的区域种植芦苇，增加人工湿地净化功能；同时，将水质净化与河流景观改造相结合，进一步增加河道表流湿地面积。修复位置从中华路桥至环城西路桥，长度为 3.6km。

（7）沿河重点村庄（地区）污水整治工程

① 新生地区污水治理工程。兴隆台新生社区（鼎翔地区）目前污水处理能力不足，每天有大约 2000t 生活污水直排。直排污水通过排水沟最终汇入到太平河闸前。下一步应加快鼎翔地区污水处理厂建设进度，彻底解决污水直排问题。

② 曙光社区污水治理（含管网）改造工程。实际调研未发现兴隆台区曙光社区污水排入太平河，但该地区存在雨污合流现象，部分污水排入绕阳河。通过雨污分流系统建设，最大限度减少生活污水和工业废水排放对太平河的影响。

③ 高升镇管网改造工程。高升镇内有 G1 高速出入口，省道 102 线和省道 210 线呈十字形分布于高升镇境内，便捷的交通环境使得高升镇近年来发展较快，人口数量、房地产建设规模都在增长。高升镇现有处理能力 5000t/d 的生活污水处理厂一座，位于盘山县高升镇西莲花村（省道 210 线东侧），目前实际处理规模为 3000t/d。在调研的过程中多次与高升镇政府沟通，但由于污水管网建设较早，一直未找到管网布置图。建议相关部门摸清管网布置情况，提出管网改造的计划。通过管网改造减少省道 210 西侧无组织生活污水排放量，确保太平河源头水质稳定达到《地表水环境质量标准》Ⅳ类水质。

④ 太平河上游段沿河村庄生活污水处理工程。近半年的 4 次监测结果显示，太平河东外环桥水质均为劣Ⅴ类水质，虽然在调研中未发现排水沟内水直排进入太平河，但对排水口监测显示，排水沟内水质较差。排水沟内水来源除了农田退水外，主要为村庄散排污水。

由于村庄散排污水具有排水量小而分散、水质波动比较大等特点，以及与城市相比，村镇在社会、经济和技术等条件上的差异，在村镇污水处理上不宜采用较为成熟的城市污水工艺，而一些所谓的生态型工艺往往不能满足北方冬季处理要求或缺乏实施的条件，应采用一些工艺简洁、处理效果好、占地省、能耗低、运行管理简便、二次污染少的先进适用技术，采用分散式方式进行处理。拟在太平河东外环附近村庄建设村级污水处理设施，具体村庄名称为：后鸭子厂、白岗子、仙水、长兴岗、小马厂、孙家庄、郑家、太平庄。农村污水处理设施投资估算如表 2-57 所示。

⑤ 太平河闸联动控制工程。2019 年 6 月 23 日对太平河调研发现，连续 3 天的降雨后太平河闸依旧处于关闭状态。

太平河河闸具体开闭信息如下：a. 太平河河闸在每年 7～8 月完全开放，太平河水可以与辽河水进行交换；b. 太平河闸每年 11 月中旬至 12 月中旬完全关闭；c. 其余时间根据具体情况确定，当发生内涝时，太平闸开启，其他情况太平河闸关闭；d. 太平河闸还起到当潮闸的作用，如果太平河闸开启，在大潮时段，海水可以沿太平河一直到 305 国道。

表 2-57　农村污水处理设施投资估算

支出项	单位	数量	项目预算金额/万元	填表说明
处理设施	台	1	65	$50m^3$、MBR 工艺、1 套,调节池 1 座,一级 B 出水标准
排水管网	m	2900	95	HDPE 材质,规格 D400、D315 等
检查井	个	180		规格 700 圆形混凝土检查井,95 个,塑料排水检查井 592
其他配套工程			125	配合土建挖填方,安装工程,破路及恢复,工程前期咨询设计等
小计			285	

　　为了解决太平河的流动性,建议实施调水与太平河闸的联动,在补充生态水的同时,根据河闸断面的水质情况,适时开启太平河闸。当断面水质满足Ⅴ类水质标准,且太平河水位高于辽河水位时,开启太平河闸,尽量保证太平河低水位运行。低水位运行可以增加河水溶解氧含量,有效降低 COD 和氨氮浓度。

　　为了实时、准确判断太平河闸水质是否满足Ⅴ类水质标准,在太平河新生桥断面建设自动监测站 1 处,太平河河道管理部门可以根据监测站数据和水位等因素,综合判断太平河站的开闭。

　　⑥ 农药化肥的减量化。加大测土配方施肥、平衡施肥技术推广力度。推广缓控量施肥技术及缓控释肥料,探索有机养分资源利用模式,推进畜禽粪便等有机肥资源化利用和秸秆养分还田。同时增加农田退水沟渠的生态化建设,通过沟内芦苇等湿地植物的种植,增加退水停留时间,提高沟渠湿地系统对 COD、氮、磷的去除。

　　⑦ 完善太平河水环境管理。加强监管力度,严查偷排漏排。开展"太平河排口专项整理、设置、建设、立档"行动,并加强入河排口设置审核,依法规范入河排污口设置。全面公布依法依规设置的入河排污口名单信息,建立入河排污口信息管理系统,全面清理非法设置、设置不合理、经整治后仍无法达标排放的排污口。对偷设、私设的排污口、暗管一律封堵;对污水直排口一律就近纳管或采取临时截污措施。

　　严格落实"河长制"。太平河的河长制目前仅仅落在牌子上,没有真正地对太平河进行有效的管理,各个县、各个街道所辖太平河长度都不一致。盘锦市水利局明确太平河河长 34km,很多河长制公示牌还写着 44.87km。

　　河长联系部门要负责协助河长、河段长履行指导、协调和监督职责,定期开展日常巡查,发现问题及时报告河(段)长。通过设立河道巡查员、网格员,真正形成横向到边、纵向到底的立体河长体系。要在"省市县乡村"五级河长组织体系基础上,配备河道巡查员、网格员,设立河道警长,进一步完善责任落实机制。

2.4 一统河

2.4.1 基本情况

一统河位于盘锦北部，是盘锦北部地区的一条排水河。一统河发源于盘锦市盘山县陈家镇青沙村。因为排水河的属性，通常将盘山县陈家镇青沙村铁路桥下农田排水沟作为一统河源头。一统河有多个名称，在一统河盘山县和双台子区交界处，当地老百姓称一统河为百草河。在盘山县谷家段，一统河又叫六里河。

一统河自东北流向西南，流经盘山县的陈家镇、双台子区统一镇、双台子区双盛街道、双台子区红旗街道、双台子区辽河街道、双台子区胜利街道。最终在胜利街道谷家闸汇入辽河。一统河全长 19.7km，其中盘山县 6.7km，双台子区 13km。一统河共有控断面 2 处（百草河桥和中华路桥），2 个断面的目标水质均执行《地表水环境质量标准》Ⅳ类水质标准。2019 年 1~5 月份的中华路桥断面监测数据显示一统河均为劣Ⅴ类水质。

一统河流域主要工业企业包括盘锦市第二污水处理厂等多家企业。一统河穿过沟海铁路（沟帮子至海城）后进入盘锦市双台子区城区，双台子区辽河街道、红旗街道、胜利街道、双盛街道的大部分雨排口均设在一统河上。

2019 年一统河百草河桥和中华路桥断面水质监测数据分别如表 2-58 和表 2-59 所示。

表 2-58　2019 年一统河百草河桥断面水质监测数据　　单位：mg/L

时间	COD	氨氮	总磷	BOD	高锰酸盐指数
1 月 7 日	31	0.559	0.08		
2 月 25 日	47	1.66	0.14		
3 月 11 日	46	0.905	0.08		
3 月 25 日	57	0.545	0.09		
4 月 16 日	51	0.461	0.10	6.4	6.5
5 月 15 日	35	0.919	0.19	5.0	4.8
6 月 14 日	30	0.424	0.06	4.4	5.9
7 月 15 日	30	0.434	0.10	4.8	6.7
8 月 15 日	19	0.630	0.17	4.0	4.8
9 月 16 日	26	0.524	0.23	3.4	5.3
10 月 14 日	38	0.443	0.25	6.9	5.4
均值	37.27	0.68	0.14	4.99	5.63
Ⅳ类标准	30	1.5	0.3	6	10

表 2-59　2019 年一统河中华路桥断面水质监测数据　　单位：mg/L

时间	COD	氨氮	总磷	BOD	高锰酸盐指数
1 月 7 日	38	0.751	0.11		
2 月 25 日	47	1.66	0.14		
3 月 11 日	33	1.15	0.13		

续表

时间	COD	氨氮	总磷	BOD	高锰酸盐指数
3月25日	49	0.708	0.15		
4月16日	69	0.546	0.16	6.7	4.5
5月15日	56	0.296	0.15	5.4	5.1
6月14日	38	0.282	0.06	5.8	3.3
7月15日	32	0.419	0.13	8.3	6.6
8月15日	16	0.341	0.19	3.9	5.0
9月16日	24	0.304	0.14	3.3	4.7
10月14日	39	0.393	0.27	3.3	5.3
均值	40.09	0.62	0.15	5.24	4.93
Ⅳ类标准	30	1.5	0.3	6	10

从一统河百草河桥断面和中华路桥断面各月监测数据可以看出主要超标污染物为COD，两个断面COD普遍超标。氨氮仅有2月份超标，总磷全部满足Ⅳ类水质标准。

2019年一统河两个断面COD数据比较如图2-25所示。可以看出，除了3月、8月、9月三个月外，一统河下游中华路桥断面的COD值均较上游的百草河桥断面有所增加。

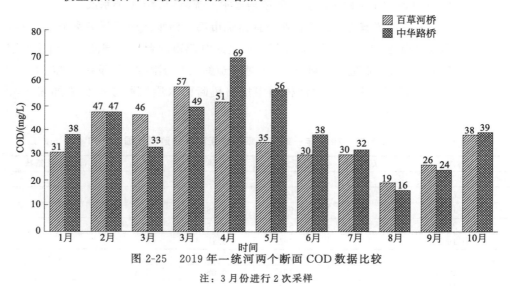

图2-25   2019年一统河两个断面COD数据比较

注：3月份进行2次采样

2019年一统河两个断面氨氮数据比较如图2-26所示。两个断面只有2月份氨氮数据超过地表水Ⅳ类水质标准，其他月份均满足Ⅳ类水质标准。

2019年一统河两个断面总磷数据比较如图2-27所示。可以看出均满足地表水Ⅳ类水质标准，但中华路桥断面总磷平均浓度高于百草河桥断面。

2019年10月25日对一统河从上游至下游进行了采样。采样点位分别为起点青沙村、210省道桥、百草河桥、中华路桥、谷家闸。

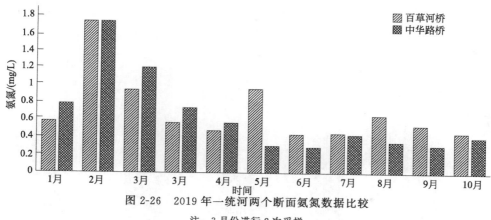

图 2-26　2019 年一统河两个断面氨氮数据比较

注：3 月份进行 2 次采样

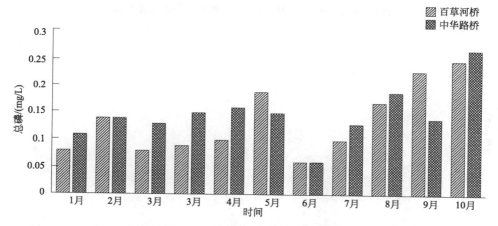

图 2-27　2019 年一统河两个断面总磷数据比较

注：3 月份进行 2 次采样

一统河各采样点 COD、氨氮、总磷分布如图 2-28～图 2-30 所示。

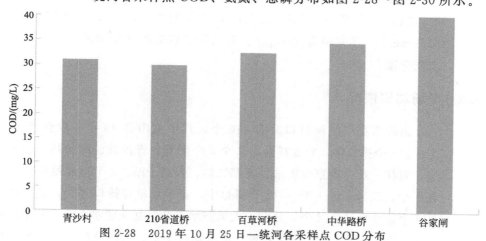

图 2-28　2019 年 10 月 25 日一统河各采样点 COD 分布

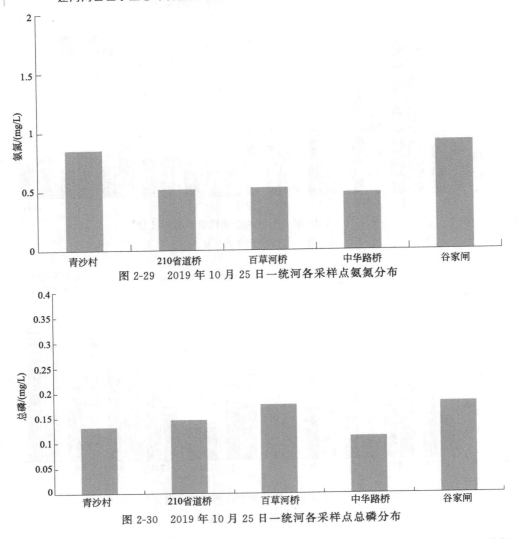

图 2-29 2019 年 10 月 25 日一统河各采样点氨氮分布

图 2-30 2019 年 10 月 25 日一统河各采样点总磷分布

监测结果显示：起点青沙村 COD 为 30mg/L，正好为Ⅳ类水质标准，210 省道桥为 29mg/L，百草河桥为 31.5mg/L，中华路桥为 33.6mg/L，谷家闸为 39mg/L。氨氮和总磷监测结果都满足地表水Ⅳ类水质标准。

2.4.2 现场调研情况

盘锦市在一统河排口共有 116 个，其中盘山县 49 个，双台子区 67 个。116 个排口中，农业排灌站 7 个，分别是：青沙站、郎家站、园林二站、园林一站、景家排灌站、齐家二站、么路子站。7 个排灌站中，盘山县 6 个，双台子区 1 个。116 个排口中，企事业单位排口 8 个，其中盘山县 6 个，双台子区 2 个，分别为大禹防水 1 个，女娲防水 3 个，龙华防水 2 个，华锦集团 2 个；污水处理厂尾水排口 1 个，为高升经济区污水处理厂排口；市政排口 46 个，其中双台子区 42 个，盘山县 4 个；农田退水排水口 56 个，其中盘山县 39 个，双台子区 17 个。一统河排口类型分布如图 2-31 所示。

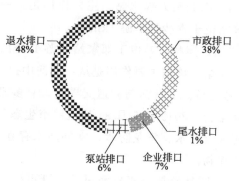

退水排口 48%
市政排口 38%
尾水排口 1%
泵站排口 6%
企业排口 7%

图 2-31　一统河排口类型分布

一统河全长 19.7km，其中盘山县 6.7km，双台子区 13km。盘山段从源头青沙村至西绕河下虹吸，全长 6.7km。双台子区从西绕河下虹吸至谷家闸，全长 13km。

（1）盘山县段

一统河盘山段长 6.7km，是人工修建的灌溉渠和排水渠。河宽在 5～10m 之间。一统河源头为农田排水沟，外加高升经济区污水处理厂尾水，最好水质为Ⅳ类水，环境容量较小；一统河流域坡度为 0.05%，非汛期几乎没有流量，污染物扩散能力差。初期雨水和农田排水进入河道后长期滞留导致一统河的水质普遍较差；一统河盘山段主要污染源包括：高升经济区污水处理厂尾水排口等企业外排水。

① 一统河源头。一统河发源于盘锦市陈家镇青沙村，是一条排水河，没有明确源头，一般将一统河青沙排水站上游 500m 处，认定为一统河源头。2019 年 12 月 19 日现场调研河道内没有水。

② 一统河青沙站。一统河青沙站是一统河上第一座排水站，也有学者认为，此排水站为一统河起点。

一统河青沙站，有高升经济区污水处理厂排口，但在 2019 年 12 月 19 日调研时，该排口并未排水。青沙站区域正在进行河道清淤，河道较浅，青沙站上游水深小于 30cm，水下淤泥黑臭。青沙站监测结果如表 2-60 所示。一统河清沙站段 COD 和总磷指标均不满足《地表水环境质量标准》Ⅳ类水质标准。

表 2-60　2019 年青沙站监测结果　　　　单位：mg/L

位置	时间	COD	氨氮	总磷
青沙站	12 月 19 日	33	0.51	0.55

从 2019 年 12 月 19 日一统河青沙站现场调研发现，青沙站附近没有

结冰，当天的气温为 -10℃，青沙站上游和下游均结冰，青沙站上游结冰厚度为 20cm 左右。由此可以推断该处有带温度的水汇入。

③ 郎家站。郎家站为提水站，主要作用是从一统河中提水，灌溉郎家村稻田，该站位于青沙站下游 1km 处。

④ 园林二站。园林二站位于郎家站下游 1.38km 处，是一座排灌站。但据周围村民介绍，该站主要作用是从一统河中提水进行灌溉。

⑤ S210 省道桥。一统河与省道交界处，有多家防水卷材企业，桥头附近有排口和排管，2019 年 5 月 31 日盘锦市生态环境局沿河调研时，发现一统河上游大禹防水、华龙防水、女娲防水存在生活污水直排的现象，水体表面有漂浮物。

⑥ 园林站。园林站是一座提河泵站，既可以向下游排水，也可以向上游提水，在灌溉季节，通过景家排灌站可以将西绕河水提到一统河内，再通过园林站向上游提水，为上游的郎家站提供水源。

⑦ 景家排灌站。景家排灌站位于西绕河和一统河之间，既可以从西绕河向一统河提水，也可以将一统河水排入西绕河。

⑧ 一统河和西绕河交汇处。盘锦的排水系统里面，上水线和下水线是严格区分开的。西绕河是上水线，一统河是下水线，一统河和西绕河并不直接连通，一统河通过下虹吸穿越西绕河。同时西绕河也是盘山县陈家镇和双台子区统一镇的镇界。从西绕河到百草河桥断面还有 5.2km。

（2）双台子区段

一统河双台子区段可以分为两部分。第一部分为西绕河至双绕河段，该段主要流经双台子区统一镇，河道水质主要受到降雨和农田退水影响，部分受到村庄生活、生产杂排水影响。第二部分为双绕河至谷家闸，该段主要受到市政排口影响；一统河双台子区段坡度小于 0.05%，非汛期几乎没有流量，污染物扩散能力差；市政排水中的初期雨水进入河道后长期滞留导致一统河的水质普遍较差；双台子区是老城区，管网复杂，沿河部分排口归属不明确；中华路桥断面紧邻谷家湿地，华锦集团和盘锦市第二污水厂排水对中华路桥区控断面有一定影响。

① 统一桥。统一桥位于统一镇统一村，在一统河穿西绕河下虹吸下游 800m 处，2019 年 12 月 19 日 13：20 现场调研时，冰面融化。调研时中午气温 -5℃，上游下游处都结冰，说明该处有零度以上的水汇入。

② 宋统线桥。宋统线桥位于统一桥下游 1.5km 处，河面基本全部结冰。

③ 百草河桥。百草河桥是一统河双台子区和盘山县之间的跨境断面，百草河桥位于宋统线桥下游 2.8km 处。百草河桥上游完全冰封，下游河道部分融化，说明有温度高于零度的水注入河道。

④ 么路子站。一统河过百草河桥后穿越沟海铁路，然后通过下虹吸穿越双绕河，么路子站是连接双绕河和一统河的排灌站。么路子站（或者双绕河）也是一统河农村段和城市段的分界线，在其上游主要为农田退水口，在其下游主要是各种市政泵站排口。

⑤ 双台子城区段。一统河过双绕河后进入双台子城区段，从双绕河到谷家闸全长 4.7km。这 4.7km 河岸两侧均为硬质护岸，河岸两侧修建了滨河公园。这 4.7km 集中了双台子大多数雨排口，市政排口数量多达 42 个（统计数据），现场踏勘发现排口数量为 18 个，可能有部分排口位于水面下没有被发现。

一统河城市段，共有六里河桥、城北街桥、化工桥、一统河桥、中华路桥 5 座可以车辆通行的桥梁。涉及街道包括：胜利街道、红旗街道、辽河街道和双盛街道。

华锦排口是一统河城区段唯一合法设置的企业排口，执行辽宁省 DB 21/1627—2008《污水综合排放标准》，COD 50mg/L，氨氮 8（10）mg/L，总氮 15mg/L，磷酸盐 0.5mg/L。2019 年 10 月 15 日对华锦排口采样进行分析，COD 29mg/L，氨氮为 0.132mg/L，总氮为 6.09mg/L，总磷为 0.05mg/L。出水满足辽宁省《污水综合排放标准》，除总氮外，其余三项指标均满足《地表水环境质量标准》Ⅳ类水质标准。

⑥ 谷家村。谷家村是一统河流域的城中村，2019 年 10 月 15 日对谷家村自流闸前水渠内的水进行采样分析，监测结果如表 2-61 所示。

表 2-61　2019 年一统河谷家村排口监测结果　　　　　单位：mg/L

位置	时间	COD	氨氮	总磷
谷家村排口	10 月 15 日	23.9	0.11	0.42

COD 和氨氮指标均满足《地表水环境质量标准》Ⅳ类水指标，总磷浓度高于Ⅳ类标准。但从前面一统河各月监测结果可知，总磷并不是一统河的主要污染因子。从监测结果看出，谷家村排口对一统河断面水质影响较小，且该排口位于一统河中华路桥下游，对于该排口的治理可以结合谷家村城中村改造进行。另外，在 2019 年 12 月 19 日的现场调研过程中，发现整个一统河从双绕河到一统河桥均为冰封状态，但从一统河桥开始河道完全没有结冰。出现这一现象的原因可能有两点：一是华锦排水量比较大，造成河道融化；二是谷家湿地水位高于一统河水位，谷家闸关闭不严，造成谷家湿地内盘锦市第二污水处理厂排水进入一统河。

一统河干流谷家闸监测结果如表 2-62 所示。一统河谷家闸断面 COD 指标高于《地表水环境质量标准》Ⅳ类水质标准，氨氮和总磷满足Ⅳ类水质标准。

表 2-62　　2019 年一统河干流谷家闸监测结果　　　　单位：mg/L

位置	时间	COD	氨氮	总磷
谷家闸	12 月 19 日	38	0.27	0.09

2.4.3　污染分析及问题识别

（1）农田退水对一统河水质影响

农业与农村面源污染的核心就是农田退水污染。农田来水主要有农业灌溉、降雨、高山雪水等多种，这些水在经过农田后，可能有一部分侧渗到田块以外，大面积农田侧渗水汇集在一起，就形成了农田退水。农田土壤中的氮、磷等养分及少量有机物会被带到水体中，可能导致水体富营养化，形成水体污染。这个过程就是农田退水污染。2010 年全国污染源普查数据显示，农业面源污染对水体中 COD、总氮、总磷的贡献率分别为 56%、41%、62%。一统河、双绕河上游地区主要流经盘山县陈家镇和双台子区统一镇，河流主要作用也是排涝，河道内来水主要是农田退水。一统河上游地区灌溉用水主要为辽河水，辽河水质为《地表水环境质量标准》Ⅳ类水质，经过农田利用后排入一统河基本处于紧邻Ⅳ类的水平，水环境容量低，极容易超过Ⅳ类水质标准。

（2）源头水质对一统河的影响

一统河上游接纳高升经济区污水处理厂污水，该污水处理厂排水虽然满足《污水综合排放标准》，但仍属于Ⅴ类水质，也就是说一统河源头来水不满足《地表水环境质量标准》Ⅳ类水质标准。

（3）企业排水对一统河的影响

一统河沿河企业排口包括：高升经济区污水处理厂等。在一统河缺少清洁生态径流补给情况下，这些排口对一统河的影响将被放大。

（4）城市排水管网对一统河的影响

从 2019 年 1～10 月两个市控断面的监测结果可以看出，除了 3 月、8 月、9 月三个月外，一统河下游中华路桥断面的 COD 值均较上游的百草河桥断面有所增加。这可能有三部分原因：一是华锦集团尾水对断面的影响；二是盘锦第二污水处理厂对断面的影响；三是沿河市政管网对断面的影响。由于一统河双台子区段为盘锦市老城区，该区域存在大量雨污合流制的管网。可以想象，在盘锦市第二污水处理厂基本满负荷运行，城区雨污合流制的情况下，每场暴雨都将导致大量的生活、生产污水进入一统河。

2.4.4　综合整治方案

（1）排口整治工程

一统河在盘山县境内共有排口 49 个，这 49 个排口主要是农田泵站、农田退水排涝口。目前企业排口数量较多，种类较多，有雨排口、市政排口、生活污水排口。一统河在双台子区境内共有排口 68 个：市政排口 42 个，占双台子区排口总数的 62%；农田退水排口 24 个，占排口总数 36%；企业排口 2 处，均为华锦集团污水处理厂尾水排口。排口的整治分为三部分。

① 明确一统河排口的数量。排口数据库和实际情况并不完全一致。应结合一统河河长制的管理和生态环保部门排口管理的要求，逐步明确一统河排口数量。

② 取缔不合理排口。目前的排口数据中，女娲防水有 2 个雨排口，应将 2 个排口合并，确保每个独立法人的厂区只有 1 个排口。对于污水排口应与厂区污水管线和市政管网相衔接，使厂区内生产和生活污水逐步接入污水处理厂。

③ 市政排口整治。一统河沿河共有市政排水口 42 处，由于一统河流经双台区老城区，雨污合流现象较多，而且收纳一统河流域污水的盘锦市第二污水处理厂现在基本满负荷运行，这就导致当有较大降雨时，必然会有生活污水排入一统河中。

应将一统河沿河雨污分流工作提上日程，仿效沈阳市南北运河的做法，逐步改造现有泵站，实现雨污彻底分流，并实现对初期雨水的收集处理。

（2）建立生态补水机制

一统河无明确源头，所谓一统河起点河道内水主要为地表径流汇集、农田退水和高升经济区污水处理厂（处理能力 4300t/d，一级 A 排放标准）排水，所以一统河起点水质较差，不能稳定满足地表水 Ⅳ 类水质要求，从一统河起点到出境断面河道长度为 6.7km，在水体自净的作用下，在出境断面水质会有所好转，但从 2019 年百草河桥断面各月监测数据来看，COD 指标不能达到 Ⅳ 类水质标准。

由于一统河下虹吸穿越西绕河后进入双台子区界，应该充分利用西绕河的生态流量，对一统河进行补水。根据 2019 年一统河百草河桥断面 COD 浓度均值为 37.27mg/L 计算，为了保证 COD 浓度为 30mg/L，按照一统河流量为 5000m³/d，西绕河 COD 为 25mg/L 计算，为了保证一统河百草河桥断面达标，需要从西绕河调水 7270m³/d。

（3）农药化肥减量化

双台子区一统河全长 13km，其中城市建成区段长 5km，农村地区长 8km。在流域面积上农村地区占绝大多数。农村地区农田退水是影响一统河水质的主要原因。通过推广缓控量施肥技术及缓控释肥料，探索有机养分资源利用模式，通过推进畜禽粪便等有机肥资源化利用和秸秆养分还田。同时加强农田退水沟渠的生态化建设，通过沟内芦苇等湿地植物的种植，增加退水停留时间，提高沟渠湿地系统对 COD、氮、磷的去除。

（4）河道曝气工程

一统河属于半静止的小流量河道，建议采用原位氧化处理。小剂量的臭氧射流器投加可以选择较小的气液比，取得高效的混合溶解效果。尽量控制臭氧投加量≤10mg/L，主要功能为氧化作用，降低 COD 和氨氮指标。

2.5 螃蟹沟河

2.5.1 基本情况

螃蟹沟横贯盘锦市兴隆台区，全长 18.53km，东起大洼区杨家店排水站，西至大洼区于岗子排水站入辽河，其中兴隆台城区段（杨家店排水站—中华路）约 9km。六零河北起辽河盘山县吴家闸，南至兴油街兴油桥，全长 10.12km，其中兴隆台城区段（兴油街—新工街）约 3.7km，郊区段（新工街—郭家排水站）约 2.3km。螃蟹沟（六零河）水来源于辽河，流经盘锦市兴隆台区后又汇入辽河。螃蟹沟（六零河）原为人工开挖渠道，主要为沿岸 10 万亩稻田输送灌溉用水，螃蟹沟（六零河）入河流量为 $5\sim20\text{m}^3/\text{s}$。枯水期水量少，水深不足 1m。

随着盘锦城市的发展，螃蟹沟（六零河）目前主要接纳两岸地表径流和雨水排涝站溢流排水，总汇水面积为 202km^2。其中，农田 121km^2，城区 81km^2，最大排水能力 $87.5\text{m}^3/\text{d}$，承担大洼区、盘山县、兴隆台区部分农田灌溉和城区、村屯、农田排涝任务。螃蟹沟（六零河）沿河两岸地势较为平坦，海拔高度 $3.7\sim4.0\text{m}$。河床底部坡度平缓，末端处河床底海拔高度 2.5m，起端 2.8m。断面为近似梯形，断面垂直高度 $1.2\sim1.5\text{m}$。

螃蟹沟（六零河）是盘锦市唯一列入国家黑臭水体清单的河流。从 2016 年开始，兴隆台区政府着手开始实施各项整治工作，2019 年底完成全部工程，最终至 2020 年消除盘锦城市建成区黑臭水体，达到住建部的黑臭水体治理考核指标。治理主要有以下四个方面内容。

① 解决污水直排河道问题；

② 内源治理工程，进行河道清淤、拓宽、整形工程，快速降低黑臭水体的内源污染负荷，避免其他治理措施实施后，底泥污染物向水体释放；

③ 面源污染控制工程，进行沿岸拆违，避免面源污染进入河道；

④ 生态修复工程，采取植草沟、生态护岸、透水砖等形式，对原有

硬化河岸（湖岸）进行改造，通过恢复岸线和水体的自然净化功能，强化水体的污染治理效果。

2.5.2　现场调研情况

2016 年螃蟹沟（六零河）水质监测结果：COD（34.2～58.3mg/L）、高锰酸盐指数（13～27mg/L）、BOD（6.70～16.7mg/L）、氨氮（2.97～5.13mg/L）及总磷（0.143～0.518mg/L）等，污染物均有不同程度超标。

2.5.3　污染分析及问题识别

（1）沿岸部分工业废水和生活污水直排

螃蟹沟（六零河）涉及的工业污染主要来源于"三厂"地区石化企业，工业污水每年排放污水约 $500 \times 10^4 t$，目前企业污水基本达标并排放至六零河内，但由于国家工业废水排放标准与地表水环境质量标准的差异，即使企业达标排放也超过螃蟹沟断面水质监测标准，增加了螃蟹沟污染负荷。

由于目前兴隆台区排水管网不完善，部分区域生活污水未接入截流干管，例如"三厂"地区石化小区生活污水经三厂泵站和新工街三厂泵站直排六零河；六零河东、兴油街北新村小区、阳光国际小区及其西侧油田小区污水经新村泵站直排六零河；化建小区生活污水经化建临时泵站直排六零河。螃蟹沟上游杨家店排灌站西侧原大洼新立工业园每年约 3 万吨污水直排，乐府江南小区每年约 $4 \times 10^4 t$ 污水直排，青年路（兴隆台街—兴油街）东侧沿街商户污水直排。

（2）城市建成区排水雨污合流，部分沿河泵站设备老化

兴隆台区排水系统始建于 20 世纪 80 年代，除少部分区域采用雨、污分流外，其余排水系统均为合流制，近几年建设排水管网逐渐开始采用分流制，目前形成了一种混合型的城区排水系统。平时各沿河泵站将区域内生活污水提升至螃蟹沟污水截流干管，送至第一污水处理厂处理。当下雨时，为保证排涝效果，各泵站将管网内污水清空直排至螃蟹沟，下雨期间各泵站也将雨污合流水直排至螃蟹沟，造成螃蟹沟短时间内污染严重。

隶属于辽河油田公司公用事业处和区市政管理处的部分沿河泵站因设备老化、年久失修、设施不规范、溢流口封闭不严等形成常年向螃蟹沟直排或溢流状态。

（3）上下游农村生活垃圾和生活污水污染问题比较突出，农田面源污
　　　染加重

螃蟹沟沿岸的盘山县吴家镇、坝墙子镇，大洼区新立镇、兴海街道东跃村、西跃村、裴家村，兴盛街道前胡村，六零河沿岸的盘山县吴家镇，兴海街道的粮家村、牛官村、陈屯村每年产生大量生活垃圾、生活

污水和养殖废水，对上下水渠、坑塘造成了严重的有机污染并且通过排水线直排螃蟹沟（六零河）。

2.5.4 综合整治方案

螃蟹沟（六零河）污染问题一直是兴隆台区居民最为关注、反映最为强烈的民生问题。盘锦市第三污水处理厂的建设和运行，为彻底解决螃蟹沟（六零河）污染治理提供了必要条件。一是通过实施截污工程，将螃蟹沟（六零河）沿岸所有直排污水由截污干管汇集，送入污水处理厂处理；二是通过生态恢复和湿地建设，恢复水体自净能力，同时，打造沿河湿地景观带。

总的目标是将螃蟹沟（六零河）沿岸建设成集生态湿地景观、排灌、防洪、居民健身、休闲观光等多功能于一体的水清岸绿、环境优美、景色宜人的河岸线，丰富兴隆台区"水韵兴隆"的内涵，为盘锦市建设生态文明城市和全面建成小康社会做出贡献。

螃蟹沟整治工程分为：污水直排治理、河道治理（清淤、拓宽、整形）、沿岸拆迁（拆违）、湿地生态景观建设，共4大类19小项。

（1）污水直排治理工程

新建污水管网和现状管网改造项目：①原新立工业园区域污水收集管网项目；②青年路污水管网改造项目；③化建临时泵站污水接入污水管网项目；④石油大街东段雨污分流管网改造项目及石化路泵站内部管线改造项目。

六零河沿岸排污泵站污水接入截污干管项目：①新建三厂泵站污水排放接入六零河截污干管项目；②辽河油田新村泵站污水接入六零河截污干管项目；③非法排污口封堵项目。

（2）螃蟹沟（六零河）流域内农村标准化氧化塘建设工程

农村氧化塘建设项目。

（3）河道内源治理工程

螃蟹沟河道清淤、拓宽、整形项目：①恒大华府段（兴隆台街—石油大街）；②锦联·经典汇段（石油大街—芳草路）；③乐府江南段（芳草路—杨家店排水站）。

六零河河道清淤、拓宽、整形项目：①六零河城区段（兴油街—新工街）；②六零河郊区段（新工桥—郭家站）。

螃蟹沟（六零河）沿岸拆迁（拆违）项目：①螃蟹沟城区段（兴隆台街—杨家店排水站）；②六零河城区段（兴油街—新工桥）；③六零河郊区段（新工桥—郭家排水站）。

（4）生态湿地景观建设工程

① 螃蟹沟（辽河美术馆—杨家店排灌站）生态湿地建设项目；②六

零河（兴油街—郭家排水站）生态湿地景观建设项目；③六零河（兴油街—郭家站）生态湿地建设项目。

2.6　清水河

2.6.1　基本情况

清水河位于盘锦市大洼区，河水流向由东向西，流经田家街道、清水镇、新兴镇、赵圈河镇，汇入双台子河后入海。以向海大道为界，清水河水系包括清水河 15.4km，赵圈河 16.8km，两河连接渠 2.5km。一侧紧靠兴辽路，另一侧为农田及村落。兴辽路是盘锦通向欢喜岭区域的重要通道，是辽河口风景区、辽河最美湿地景区的必经之路，同时也是盘锦市规划的生态旅游景观走廊的一条连接线。根据国控、省控断面清水桥断面、清水河排干总断面多年的水质监测数据，整个水系处于超标状态（劣V类）。

2.6.2　现场调研情况

清水河沿线流经清河村、小五队村两个旅游民宿村，其余地区基本都是稻田地，河道宽度在 30～50m 之间，两岸岸线宽度在 10～20m 之间。河流两岸都是自然形成的土壤护坡，没有建设任何人工护坡，岸线现有简单的绿化树木和一些自然植物杂草等，在清河村域内岸线建有林间石道和垂钓平台等简单美化设施。清水河沿线建有 7 个抽水站，用于提升两岸区域稻田地灌溉期间的灌溉用水。清水河河水的来源主要是上游来水和沿线的稻田下水，两岸共有 27 处左右的稻田下水渠（口）及农村边沟汇入河流。清水河治理的最大问题是污染源的控制。通过现场调研发现，一些稻田下水渠上游接入农村排水边沟，或者农村边沟直接引入清水河，部分农村会有一些工厂及个人养殖场，这样难免会有工业废水及家禽粪便排入河体。

调研的赵圈河范围全长 16.8km，其中 5km 路段一侧为村路，另一侧为农田及村庄。2km 竖向穿过清水镇区，两侧为工厂及民居农田，6km 两侧全是农田、荒林、零星墓地，500m 内没有公路。赵圈河排总河道宽度在 10～40m，岸线宽度为 10～20m。河流两岸都是自然形成的土壤护坡，没有建设任何人工护坡，岸线杂草丛生，树木种植凌乱。

赵圈河排干沿线建有 7 个抽水站，用于提升两岸区域稻田地灌溉期间的灌溉用水。赵圈河排干水的来源主要是上游来水和沿线的稻田下水，两岸共有 11 处左右的稻田下水渠（口）及农村边沟汇入河流。

赵圈河排干两岸污染源较多,水质比清水河差很多。现场调研发现的污染源情况如下。

① 农村边沟污水排入河体,村内个人养殖废水、工厂废水排入边沟,边沟垃圾堆弃,最后都汇入河体。

② 清水镇城镇雨水管网接入河体,排水乳白色混有异味,调研时为晴天,出水管仍然在持续排水,怀疑有商网或者民居污水接入雨水管网。

③ 沿线工厂、粮库等排放口接入河体,农村附近有个人接入的临时管路。

④ 城镇区域河道护坡成垃圾堆砌厂,农户农田打药后药剂瓶随意丢弃。

⑤ 河体上游沿线有大型禽类肉食加工厂,附近村落遍布几个大型鸭厂,附近边沟废水呈黑臭状态,最终汇入河体。

清水河流域水系组成如表 2-63 所示。清水河流经红草沟村汇入双台子河,交汇点距入海口 12.9km,赵圈河经向阳村汇入双台子河,交汇点距入海口 10.6km。

表 2-63　清水河流域水系组成

河属	控制单元	控制断面	断面类型	功能区划	流经区域
清水河	上游	清水河桥	市控	Ⅴ类	田家街道、小堡子社区、毛家社区、大清村、清河村、园林村
	下游			Ⅴ类	坨子里村、红草沟村、育新村、腰岗子村(支流:两棵树村、于岗子、躺岗子)
赵圈河	上游			Ⅴ类	东三社区、大堡子社区、大清村
	下游	滨海路桥	市控	Ⅴ类	立新村、育红村、圈河村

清水河水系典型断面水质报告如表 2-64 所示。

表 2-64　2016 年清水河水系典型断面水质报告

月份	河流	断面	监测水质	目标水质	污染物/(mg/L)		
					COD	氨氮	总磷
1月	清水河	清水河桥	劣Ⅴ类	Ⅴ类	75.7	2.94	0.281
	赵圈河	滨海路桥	劣Ⅴ类	Ⅴ类	87.6	2.87	0.274
2月	清水河	清水河桥	劣Ⅴ类	Ⅴ类	126.0	2.87	0.267
	赵圈河	滨海路桥	劣Ⅴ类	Ⅴ类	98.6	2.69	0.273
3月	清水河	清水河桥	劣Ⅴ类	Ⅴ类	166.0	2.37	0.711
	赵圈河	滨海路桥	劣Ⅴ类	Ⅴ类	107	2.19	0.128
4月	清水河	清水河桥	劣Ⅴ类	Ⅴ类	39.7	2.58	0.142
	赵圈河	滨海路桥	劣Ⅴ类	Ⅴ类	33.2	2.17	0.10
5月	清水河	清水河桥	劣Ⅴ类	Ⅴ类	81.4	2.23	1.00
	赵圈河	滨海路桥	劣Ⅴ类	Ⅴ类	96.1	2.49	1.65
6月	清水河	清水河桥	劣Ⅴ类	Ⅴ类	33.9	2.68	0.413
	赵圈河	滨海路桥	劣Ⅴ类	Ⅴ类	43.4	2.37	1.191
7月	清水河	清水河桥	劣Ⅴ类	Ⅴ类	87.8	3.11	0.069
	赵圈河	滨海路桥	劣Ⅴ类	Ⅴ类	117	2.97	1.185
8月	清水河	清水河桥	劣Ⅴ类	Ⅴ类	36.9	2.47	0.346
	赵圈河	滨海路桥	劣Ⅴ类	Ⅴ类	53.7	2.17	0.257

续表

月份	河流	断面	监测水质	目标水质	污染物/(mg/L)		
					COD	氨氮	总磷
9 月	清水河	清水河桥	劣Ⅴ类	Ⅴ类	25.8	2.12	0.346
	赵圈河	滨海路桥	劣Ⅴ类	Ⅴ类	22.2	2.47	0.506
10 月	清水河	清水河桥					
	赵圈河	滨海路桥	劣Ⅴ类	Ⅴ类	37	2.74	0.480
11 月	清水河	清水河桥					
	赵圈河	滨海路桥	劣Ⅴ类	Ⅴ类	57.5	2.37	0.421
12 月	清水河	清水河桥					
	赵圈河	滨海路桥	劣Ⅴ类	Ⅴ类	88.6	2.31	0.231

由表 2-64 可知，清水河水系污染严重，除个别月份外，常年为劣Ⅴ
类（指标为 COD、氨氮和总磷）。从指标的具体数值可看出，有污染加剧
的趋势。

2017 年 3 月 13 日对清水河水系现状调研，水质报告如表 2-65 所示。

表 2-65　清水河水系水质报告

河流	监测水质	目标水质	污染物/(mg/L)					
			COD	超标倍数	氨氮	超标倍数	总磷	超标倍数
清水河	劣Ⅴ类	Ⅴ类	75	1.875	3.86	1.93	0.16	0.400
清水河	劣Ⅴ类	Ⅴ类	114	2.85	4.09	2.045	0.31	0.775
清水河	劣Ⅴ类	Ⅴ类	71	1.775	2.96	1.48	0.27	0.675
清水河	劣Ⅴ类	Ⅴ类	58	1.45	2.37	1.185	0.26	0.650
清水河	劣Ⅴ类	Ⅴ类	70	1.75	1.98	0.99	0.09	0.225
清水河	劣Ⅴ类	Ⅴ类	69	1.725	2.24	1.12	0.41	1.025
清水河	劣Ⅴ类	Ⅴ类	34	0.85	2.16	1.08	0.21	0.525
赵圈河	劣Ⅴ类	Ⅴ类	63	1.575	1.99	0.995	0.06	0.150
赵圈河	劣Ⅴ类	Ⅴ类	148	3.7	5.06	2.53	0.27	0.675
赵圈河	劣Ⅴ类	Ⅴ类	64	1.6	4.51	2.255	0.15	0.375
赵圈河	劣Ⅴ类	Ⅴ类	61	1.525	2.86	1.43	0.42	1.050
赵圈河	劣Ⅴ类	Ⅴ类	84	2.1	3.12	1.56	0.65	1.625
赵圈河	劣Ⅴ类	Ⅴ类	53	1.325	2.79	1.395	0.37	0.925
赵圈河	劣Ⅴ类	Ⅴ类	25	0.625	2.13	1.065	0.33	0.825

由表 2-65 可知，清水河及赵圈河初始两个采样点均呈现水质迅速恶
化状态，两河在上游处均有大量污水排入，加速水体污染，之后河流水
质有小幅波动，但总体污染趋于缓和，主要是因为沿途虽仍有部分污水
汇入，但水体相对静止，呈现氧化塘状态，有一定自净能力。

从 2017 年 3 月 13 日调研的数据结果可以看出，清水河水系整体污染
态势仍然十分严峻，为了解掌握更为翔实的水质数据资料，在此前基础
上，对整个水系进行细节划分，制定清水河、赵圈河地表水监测方案，
分别对清水河、赵圈河的控制断面、跨区边界、排污口及重点区域等位
置设置监测点位，共设置点位 35 个，其中清水河 16 个，赵圈河 19 个。

清水河 16 个监测点位中，上游采样点位 10 个，其中源头采样点位 1
个，支流汇入口采样点位 3 个，河岸两侧排污口采样点位 3 个，汇水完成

后河水水质采样点 3 个；下游采样点位 6 个，其中重要支流的采样点位 2 个，汇水完成后河水水质采样点 4 个。

清水河水质监测结果如图 2-32 所示。

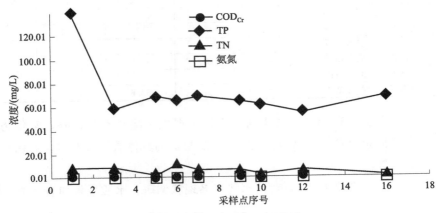

图 2-32　清水河水质监测结果

监测结果显示：所有检测点的 COD、TP（总磷）、TN（总氮）、氨氮指标，除氨氮外均高于 V 类水体标准；水质平均值 COD 比 V 类水体高出 19.9mg/L，比 IV 类水体高出 29.9mg/L。监测数据显示，清水河由东向西 COD 浓度逐渐降低，在接近入辽河河口处有小幅提升，总体降低浓度约为 71mg/L，降低幅度达到了 51%，但残留浓度仍属于劣 V 类，超标倍数 1.7 倍，TP 比 V 类水体高出 0.2mg/L，比 IV 类水体高出 0.3mg/L，上游初始 TP 浓度较高，超标倍数达到 2 倍，中、下游有所起伏，忽高忽低，但到了清水河末端时，浓度大幅降低，小于 IV 类浓度标准；TN 整体趋势与 TP 一致，比 V 类水体高出 3.3mg/L，比 IV 类水体高出 3.8mg/L，初始超标倍数达到 4 倍以上，中游甚至超过 5 倍，但同样到了末端采样点时，浓度小于 IV 类浓度标准。而两侧排入口的指标更高，COD 比 V 类水体高出 31.7mg/L，比 IV 类水体高出 41.7mg/L；TP 比 V 类水体高出 0.3mg/L，比 IV 类水体高出 0.4mg/L，TN 比 V 类水体高出 4mg/L，比 IV 类水体高出 4.5mg/L。通过数据可以发现清水河水域存在污染情况，两侧排入口指标整体超标严重，是导致河体污染的主要来源。

赵圈河 19 个监测点位中，上游采样点位 8 个，其中重要支流的采样点位 3 个，河岸两侧排污口采样点位 1 个，汇水完成后河水水质采样点 4 个；下游采样点位 11 个，其中河岸两侧排污口采样点位 5 个，支流汇入口采样点位 1 个，汇水完成后河水水质采样点 5 个。

赵圈河水质监测结果如图 2-33 所示。

由图 2-33 可以看到，编号 30 点位出现严重超标情况，这一点是清水镇雨水管网入河的排水点，现场踏勘时看到该处在持续排放乳白色液体，

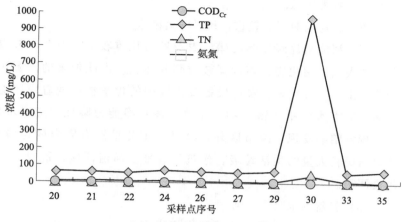

图 2-33　赵圈河水质监测结果

混有特殊味道。河体水质平均值 COD 比 V 类水体高出 25.8mg/L，比 IV 类水体高出 35.8mg/L；从上游至下游入海口河段，各指标整体呈上升趋势。

TP 比 V 类水体高出 0.1mg/L，比 IV 类水体高出 0.2mg/L，TN 比 V 类水体高出 3.9mg/L，比 IV 类水体高出 4.4mg/L。该河段存在较多的农牧企业，工业养殖废水可能是造成该河段水质指标较高的主要原因。

两侧排入口的指标更高，COD 比 V 类水体高出 114.2mg/L，比 IV 类水体高出 124.2mg/L；TP 比 V 类水体高出 0.3mg/L，比 IV 类水体高出 0.4mg/L，TN 比 V 类水体高出 7.1mg/L，比 IV 类水体高出 7.6mg/L。分析发现赵圈河水体污染情况比清水河水体要严重，两侧排入口污染情况更加厉害。盘锦北控环保有限公司污水处理厂处理后废水超过地表水 V 类水质标准限值，另有大量农牧废水排放可能是造成该河段水质超标的主要原因。

2.6.3　污染分析及问题识别

（1）源头来水水质差，水资源与水环境承载力有限

清水河水系均属于季节性河流，年均降水量 550～650mm，降水量主要集中在 7～8 月份，唯一生态水源来自辽河（杨家店引水渠），每日所排各类污水才是该水系的主要水源（上游市政污水、农田退水，田家镇生活污水，新立镇、唐家镇生活污水等）。但该水系流动静止，流量较小，无法发挥水体自净能力，在污水得不到有效控制的情况下，水质持续恶化。河道生态补水主要来源于辽河引水且河流的自然属性较弱，全靠闸阀控制，河流水质受控性、季节性特征明显，而且该水系均存在长期接纳企业排放的废水的情况，一些有毒的化学物质大量沉积在河床底泥中，影响河体内微生物的生长，导致流域水生态退化，水体自净能力较差，

水环境承载力较低。

（2）农村面源污染较重，垃圾清运困难

清水河流域途经很多村镇，农业所占比重较大，农业比较发达。农业生产大量使用化肥、高毒低效农药和薄膜，由此带来的面源污染问题十分突出。大量化肥、农药残留及薄膜中的化学物质随着农田退水进入水体，毒害水体中的微生物，导致水体自净能力降低，造成水体污染。经过现场踏勘发现，除市区外，沿岸村镇几乎没有固定的垃圾清运点，两岸居民将大量的生活垃圾、建筑垃圾堆在河道两侧，造成单元内面源污染严重。

（3）养殖污水直排入河

清水河水系沿岸周边区域建有多家畜禽、牲畜养殖企业、作坊及个人养殖户，大量畜禽养殖产生的粪便、尿液、养殖废水等废弃物未经过集中处置，在地表堆积通过降水溢流进入地表水体或直接排入周边河道，导致水体污染严重。

（4）农村生活污水直排入河

清水河沿河东至西流经田家街道、小堡子社区、毛家社区、大清村、清河村、园林村、坨子里村、红草沟村、育新村、腰岗子村（支流：两棵树村、于岗子、躺岗子）；赵圈河沿河东至西流经东三社区、大堡子社区、大清村、立新村、育红村、圈河村 。这些村镇污水未经收集处理，直接就近设立排污水渠，直排入河，加剧水质恶化。

（5）企业污水直排入河

清水河水系主要污水来源为生活污水及农业养殖废水，但沿河两岸仍建有少量工厂企业，其生产废水仅经简单处理就直排入河，导致该河段水域水质恶化。

（6）污水处理厂尾水入河

清水河水系现已建有大洼区污水处理厂一座，处理后出水直接排入赵圈河，其水质达到一级A，但仍属于劣Ⅴ类，对水质改善无益。

（7）河流生态结构破坏严重

河道生态系统的重要结构特征有河道连通性及宽度。该水系河道内存在大量淤泥、垃圾，严重破坏了流域内的生态环境。水体底泥严重污染，两岸植被覆盖率低且物种单一，水体自净能力降低，河道退化，生态结构破坏严重，生态功能急剧下降。同时由于该河道地势低洼，河道笔直，杂草丛生，部分河道堤防破坏严重，防洪标准低，汛期严重影响行洪。护坡水土流失严重，降雨区排水不畅。河道平均宽度较窄，导致上下游连续性且联动性差，进而影响河流生态功能。河道两侧多为农作物，地带性植物不明确，目标植物覆盖度低，河道生态结构破坏严重。

（8）环境监督管理体制需加强

建立监管运行机制，加强监管、监测人员培训，切实建立和完善日巡查制度，加大监管处罚力度，对存在的问题及时开展跟踪整改等，切实提高监管水平。应进一步加强对水污染的监管制度，特别是对于某些典型污染源，除了运用科技手段进行处理之外，还应加大监管力度，加强摸排监察力度，从根源上杜绝污染事件的发生。

2.6.4 综合整治方案

（1）清水净源工程

该工程阶段主要从源头入手，清水河来源主要为杨家店大风车抽水站从辽河引水、上游农田退水及生活污水。针对水源来源，整治工程分两部分进行：①源头处所有排污口封堵、格栅拆除、景观化改造，达到环境效益与生态景观于一体；②修建源头湿地净化工程，使初始水源水不直接进入河道，而是经过表流湿地处理，水质达到 V 类水质标准后，排入清水河。

该区域有 8 座直排排污口，主要收纳上游市政污水、农田退水，田家镇生活污水，新立镇、唐家镇生活污水等，水质整体偏差，需通过排污口封堵及拆除相配套格栅以改善源头水质。

在封堵、拆除处进行景观建设，并与原大风车相呼应，突出当地特色，配套小型公园。在清水河源头东北方的新立镇会有大约 $3000 m^3/d$ 的污水汇入河流，为避免对下游水质造成影响，改善源头生态环境，拟建设人工表流湿地 $3 hm^2$。

（2）截污纳管工程

清水河水系上游存在大量污水直排入河问题，拟在田家镇及大洼镇区域修建截污管路，以清水河为界，清水河北部田家镇污水全部经由截污纳管进入盘锦第一污水厂，清水河南部田家镇污水全部经由截污纳管进入大洼区污水处理厂，而针对原大洼镇截污管道排水负荷小、污水输送能力差的问题，进行管网改造，修建大洼镇其他企业、居民区直排污水截污纳管，新建污水管道，起点为北排污水一体化泵站压力出水管末端，终点为污水处理厂，水流方向由南向北，总长度约 3743m。其中一体化泵站至大洼区污水处理厂，管线总长度约 1743m，新建 DN2000 污水管道及相关配套。大洼镇其他企业、居民区需新建直排污水截污纳管，管线长度约 2000m。

（3）镇级污水处理厂建设工程

清水河水系上游穿过田家镇，中游流经清水镇及新兴镇，这三个村镇污染源多样，且数量较大，但却缺乏相配套的污水处理厂，造成大量污水直排入河。因此，在三村镇各修建一座污水处理厂迫在眉睫。根据当地人口数量及工农业污水量，拟修建三座污水处理厂及配套管网，出水达到一级 A 标准，采用 A^2/O 工艺。

田家镇现有人口 68530 人，日排放污水量约 5482t，设计流量取 6000t，通过管网铺设，污水厂建设使全部生活污水集中处理，出水达到一级 A 标准，拟采用 A^2/O 处理工艺。田家镇辖 12 个行政村，为完成生活污水收集，在已有污水管网基础上，尚需铺设污水干管到拟建的田家镇污水处理厂，管径 DN2000，管线总长度约 14599m。

清水镇现有人口 25000 余人，日排放污水量约 2000t，通过管网铺设，污水厂建设使全部生活污水集中处理，出水达到一级 A 标准，拟采用 A^2/O 处理工艺。清水镇辖 11 个行政村，为完成生活污水收集，需逐门逐户铺设污水管网，管线总长度约 12055m。

新兴镇现有人口 25000 余人，日排放污水量约 2000t，通过管网铺设，污水厂建设使全部生活污水集中处理，出水达到一级 A 标准，拟采用 A^2/O 处理工艺。新兴镇辖 9 个行政村，为完成生活污水收集，需逐门逐户铺设污水管网，管线总长度约 10788m。

（4）畜禽养殖污染治理工程

在污染源统计及调查过程中发现，清水镇设有大大小小多家畜禽养殖企业、作坊及个体户，畜禽养殖场遍布全镇，而且多靠近村庄农田和河流，污染点多、面广，治理难度大，个别畜牧养殖场排放的养殖粪便已对地表水和地下水造成不同程度污染。同时养殖场和个体养殖户主动治理和配合治理的积极性不高，畜禽养殖场没有综合利用和污粪治理设施，畜禽养殖垃圾任意排放。畜禽养殖分散化、高度密集化，使得产生的废物难收集、难处理，且废物产生量超出农村处理和合理使用的能力，给区域环境容量带来很大的压力。针对此问题，拟对规模化养殖户补助 50 万元，用于完成堆粪场建设。另通过调研发现，当地现有有机肥厂一家，拟进行升级改造，用于粪便处理，实现资源化利用，年产达到有机肥 3×10^4t。

（5）农村生活污水处理工程

清水河水系沿途流经小型村镇众多，由于村镇污水具有排水量小而分散、水质波动比较大等特点，以及与城市相比，村镇在社会、经济和技术等条件上的差异，在村镇污水处理上不宜采用较为成熟的城市污水工艺，而一些所谓的生态型工艺往往不能满足处理要求，或缺乏实施的条件，而应采用一些工艺简洁、处理效果好，占地省、能耗低、运行管理简便、二次污染少的先进适用技术，采用分散式方式进行处理。为不遗漏、不错过任一污水排放源，拟在所有流经村镇建设村级污水处理设施，清水河沿河由东至西建设 13 座村级污水处理设施，总处理规模 1000t/d，赵圈河沿河由东至西建设 6 座村级污水处理设施，总处理规模

600t/d。

（6）底泥清淤工程

清水河水系均存在长期接纳直排废水的情况，一些有毒害的化学物质大量沉积在河床底泥中，影响河体内微生物的生长，导致流域水生态退化，水体自净能力较差，水环境承载力较低。底泥清淤疏浚有两个主要目的：一是增加水体容量或者是水利通畅；二是清除水体中的污染底泥，清除污染水体的内源，减少底泥污染物向水体的释放，并为水生生态系统的恢复创造条件，同时还需要与水体的综合整治方案相协调。因此，针对这一问题，拟对整个水系进行河底底泥清淤、基础治理、污泥处置、河道生态防护及边坡整形等工程，其中清水河 15.4km，赵圈河 16.8km，清水河赵圈河连通渠 2.5km，合计 34.7km，预计全河段土石方开挖量为 776441m³，导水路开挖量 132973m³，边坡整形 759716m³。

（7）大洼区污水处理厂尾水深度处理工程

大洼区生活污水经处理净化后，可达到一级 A 标准，但其水质仍属于劣 V 类，存在着有机物和氮磷等污染物超标的问题，直接排放进入河道，同样会引起水质恶化，造成水环境污染。水资源作为我国的一种紧缺资源，污水处理厂尾水经过合理的处理可回用于工业、农业、景观环境用水、城市杂用水、补充水源等多个领域，因此，这样的水质不适于直接排放，必须对其进一步深度处理，以更好地去除污水处理厂出水中剩余的污染成分。而人工湿地作为一种生态水处理技术，目前已在各种污水处理中得到广泛的应用。其与常规技术相比有如下特点：投资小、操作简单、运行和维护费用低、在处理污水的同时又能改善周围地区的生态环境。所以，人工湿地已成为污水处理厂出水深度处理的常用工艺。针对大洼区污水处理厂处理水量，未来会扩容至 $4 \times 10^4 m^3/d$，利用大洼区污水处理厂附近原有坑塘，改造建设表流人工湿地占地 15hm²。

（8）河道生态修复与景观化改造工程

在实现了清水河水质改善的基础上，还要将这一流域打造成美丽乡村、生态乡村，结合城市河流的景观生态设计方法，运用生态补偿与修复技术，完善和优化河道景观的结构与功能；结合周边环境进行造景美化设计，提高湿地净化能力，应用生态修复技术，完善和优化河道景观的结构与功能，改善流域生态景观；建设自然植被斑块，因地制宜增加绿色廊道和分散的自然斑块、灌丛，模拟地域自然植物群落，充分利用乡土植物，建立生态经济型、生态景观型防护林体系；在河道范围内设置雨洪集蓄利用设施是提高对雨洪资源综合利用的需要，既符合生态安全需求，又适合人类居住，确保流域景观系统发挥综合效能，注重景观资源保护和维持流域生态平衡，最终实现小流域生态、经济和社会的可持续发展。

工程主体包括：生态湿地景观建设，水生植物种植，公园道路、场地铺装，电施、水施、建施、环施及绿化等工程。其中水生植物种植水域总长 20km，宽 10～40m，主体采用长方形和棱形高密度聚丙烯苯板浮床和浮圈，设计 2～3 排，间隔 10～30m 不等，中间浮床上种植黄菖蒲约 90 万株和千屈菜约 90 万株，两边浮圈上种植水葫芦约 40 万株。

道路建设时还需配套绿化工程，规划在现状的基础上丰富植物的品种，强化原来的特色，特别是增加灌木和地被层的种类，丰富植物景观。规划乔木 15 余种、灌木 11 种、地被植物 30 余种、水生植物约 20 种。规划以枫杨和垂柳为基调树种，常绿与落叶结合，速生树种与慢生树种结合。种植方式以自然式为主，植被种类多样化，注重乔木、灌木、地被及水生复层搭配，增加种植面积 30hm²。

（9）健全环境保护长效机制

盘锦市大洼区乃至我国目前的体制和发展阶段，环境保护的效率和效果是一个多主体的利益相关者博弈的结果，需要建立一套多主体参与、多种管理方式的联动管理机制。通过环境保护立法，确认公民环境参与权，以及在媒体监督和政府监管等方面加大力度，同时加强环境伦理道德建设，最终建立一个包括政府、企业、公众、媒体等多个主体在内的共同参与的长效机制，实现由强制性监管到提升环境保护自觉意识转变的目标。

第3章
辽河河口区水环境承载力

3.1 区域基本情况

辽河在盘锦境内全长约为 62.92km，从东北流向西南，最终汇入渤海。盘锦市境内共有三个控制单元，分别为辽河控制单元、绕阳河控制单元、大辽河控制单元。盘锦市境内共有控制断面 27 个，其中"十三五"期间国控断面 5 个，分别为盘锦兴安控制断面（断面位于盘锦，考核鞍山）、曙光大桥控制断面、赵圈河控制断面、绕阳河控制单元对应断面为胜利塘国控断面、大辽河控制单元对应断面为三岔河国控断面（断面位于盘锦，考核沈阳和盘锦）。

省控断面 5 处，分别为小柳河大板桥断面、一统河中华路桥断面、螃蟹沟于岗子断面、太平河新生桥断面、清水河闸断面。

市控断面 17 处，分别是小柳河闸北桥、一统河百草河桥、绕阳河鱼圈沟漫水桥、太平河 305 国道桥、太平河入干口、赵圈河挡潮闸、新开河盘山大站、外辽河古城子村、西沙河 G1 高速公路桥、锦盘河 305 国道锦盘河桥、绕阳河万金滩、南屁岗子河石欢线桥、南屁岗子河孔家铺南桥、南屁岗子河兴辽路桥、双绕总干双绕河闸、双绕总干 210 省道桥、双绕总干外环桥。

3.2 盘锦市 2019 年水环境承载力评价

3.2.1 2019 年评价断面选取

按照生态环境部办公厅《关于开展水环境承载力评价工作的通知》（环办水体函〔2020〕538 号）的相关要求，参与评价的断面（点位）为盘锦市境内，每季度监测一次以上的所有断面（点位），包括国控断面 5

处，省控断面 5 处，市控断面 17 处，共 27 处点位。

国控断面 5 个（4 个位于盘锦境内）分别为：盘锦兴安、曙光大桥、赵圈河、胜利塘、三岔河；省控断面 5 处，分别为：大板桥、中华路桥、于岗子、新生桥、清水河闸；市控断面 17 处，分别为：闸北桥、百草河桥、鱼圈沟漫水桥、305 国道桥、入干口、挡潮闸、盘山大站、古城子村、G1 高速公路桥、305 国道锦盘河桥、万金滩、石欢线桥、孔家铺南桥、兴辽路桥、双绕河闸、210 省道桥、外环桥。

3.2.2 水环境承载力指数计算

（1）盘山县水环境承载力指数计算

① 断面水质时间达标率 C_i。根据公式：

$$C_i = \frac{断面某点位某达标次}{评价年监测总次} \times 100\% \tag{3-1}$$

盘锦兴安断面水质时间达标率 $C_1 = 6/11 \times 100\% = 54.5\%$

305 国道锦河桥断面水质时间达标率 $C_2 = 1/11 \times 100\% = 9.1\%$

305 国道桥断面水质时间达标率 $C_3 = 8/11 \times 100\% = 72.7\%$

G1 高速桥断面水质时间达标率 $C_4 = 1/12 \times 100\% = 8.3\%$

百草河桥断面水质时间达标率 $C_5 = 4/12 \times 100\% = 33.3\%$

大板桥断面水质时间达标率 $C_6 = 3/12 \times 100\% = 25\%$

孔家铺南桥断面水质时间达标率 $C_7 = 2/11 \times 100\% = 18.2\%$

石欢线桥断面水质时间达标率 $C_8 = 1/11 \times 100\% = 9.1\%$

双绕河闸断面水质时间达标率 $C_9 = 4/11 \times 100\% = 36.4\%$

万金滩断面水质时间达标率 $C_{10} = 2/12 \times 100\% = 16.7\%$

兴辽路桥断面水质时间达标率 $C_{11} = 1/12 \times 100\% = 8.3\%$

鱼圈沟漫水桥断面水质时间达标率 $C_{12} = 2/11 \times 100\% = 18.2\%$

三岔河断面水质时间达标率 $C_{13} = 6/12 \times 100\% = 50\%$

古城子村断面水质时间达标率 $C_{14} = 10/12 \times 100\% = 83.3\%$

② 水质时间达标率 A_1。根据公式：

$$A_1 = \frac{1}{n} \sum_{i=1}^{n} C_i \tag{3-2}$$

式中　C_i——断面水质达标率；

　　　n——断面个数。

盘山县水质时间达标率 $A_1 = 1/14 \times (0.545 + 0.091 + 0.727 + 0.083 + 0.333 + 0.250 + 0.182 + 0.091 + 0.364 + 0.167 + 0.083 + 0.182 + 0.500 + 0.833) = 31.7\%$

③ 水质空间达标率 A_2。根据公式：

$$A_2 = \frac{区域内年度达标断面个数}{断面总个数} \times 100\%$$ (3-3)

盘山县水质空间达标率 $A_2 = 3/14 \times 100\% = 21.4\%$

④ 水环境承载力系数 R_C。根据公式：

$$R_C = \frac{1}{2}(A_1 + A_2)$$ (3-4)

式中　A_1——水质时间达标率；

　　　A_2——水质空间达标率。

盘山县 $R_C = 1/2 \times (0.317 + 0.214) = 26.6\%$

盘山县水环境承载力情况如表 3-1 所示。

表 3-1　盘山县水环境承载力情况

序号	指标	百分率/%
1	断面水质时间达标率	31.7
2	断面水质空间达标率	21.4
3	水环境承载力系数	26.6

（2）兴隆台区水环境承载力指数计算

① 断面水质时间达标率。根据公式(3-1)：

曙光大桥断面水质时间达标率 $C_1 = 4/12 \times 100\% = 33.3\%$

胜利塘断面水质时间达标率 $C_2 = 1/2 \times 100\% = 50\%$

入干口断面水质时间达标率 $C_3 = 3/12 \times 100\% = 25\%$

于岗子断面水质时间达标率 $C_4 = 4/12 \times 100 = 33.3\%$

② 水质时间达标率 A_1。根据公式(3-2)：

兴隆台区水质时间达标率 $A_1 = 1/4 \times (0.333 + 0.500 + 0.250 + 0.333) = 35.4\%$

③ 水质空间达标率 A_2。根据公式(3-3)：

兴隆台区水质空间达标率 $A_2 = 0/4 \times 100\% = 0$

④ 水环境承载力系数 R_C。根据公式(3-4)：

兴隆台区 $R_C = 1/2 \times (0.354 + 0) = 17.7\%$

兴隆台区水环境承载力情况如表 3-2 所示。

表 3-2　兴隆台区水环境承载力情况

序号	指标	百分率/%
1	断面水质时间达标率	35.4
2	断面水质空间达标率	0
3	水环境承载力系数	17.7

（3）大洼区水环境承载力指数计算

① 断面水质时间达标率。根据公式(3-1)：

赵圈河断面水质时间达标率 $C_1 = 6/8 \times 100\% = 75\%$

挡潮闸断面水质时间达标率 $C_2 = 1/12 \times 100\% = 8.3\%$

盘山大站断面水质时间达标率 $C_3 = 5/7 \times 100\% = 71.4\%$

清水河闸断面水质时间达标率 $C_4 = 2/12 \times 100\% = 16.7\%$

② 水质时间达标率 A_1。根据公式（3-2）：

大洼区水质时间达标率 $A_1 = 1/4 \times (0.750 + 0.083 + 0.714 + 0.167) = 42.9\%$

③ 水质空间达标率 A_2。根据公式（3-3）：

大洼区水质空间达标率 $A_2 = 2/4 \times 100\% = 50.0\%$

④ 水环境承载力系数 R_C。根据公式（3-4）：

大洼区 $R_C = 1/2 \times (0.429 + 0.500) = 46.5\%$

大洼区水环境承载力情况如表 3-3 所示。

表 3-3　大洼区水环境承载力情况

序号	指标	百分率/%
1	断面水质时间达标率	42.9
2	断面水质空间达标率	50.0
3	水环境承载力系数	46.5

（4）双台子区水环境承载力指数计算

① 断面水质时间达标率计算。根据公式（3-1）：

210 省道桥断面水质时间达标率 $C_1 = 6/11 \times 100\% = 54.5\%$

外环桥断面水质时间达标率 $C_2 = 5/11 \times 100\% = 45.5\%$

新生桥断面水质时间达标率 $C_3 = 5/12 \times 100\% = 41.7\%$

闸北桥断面水质时间达标率 $C_4 = 2/12 \times 100\% = 16.7\%$

中华路桥断面水质时间达标率 $C_5 = 5/12 \times 100\% = 41.7\%$

② 水质时间达标率 A_1。根据公式（3-2）：

双台子区水质时间达标率 $A_1 = 1/5 \times (0.545 + 0.455 + 0.417 + 0.167 + 0.417) = 40.0\%$

③ 水质空间达标率 A_2。根据公式（3-3）：

双台子区水质空间达标率 $A_2 = 1/5 \times 100\% = 20.0\%$

④ 水环境承载力系数 R_C。根据公式（3-4）：

双台子区 $R_C = 1/2 \times (0.400 + 0.200) = 30.0\%$

双台子区水环境承载力情况如表 3-4 所示。

表 3-4　双台子区水环境承载力情况

序号	指标	百分率/%
1	断面水质时间达标率	40.0
2	断面水质空间达标率	20.0
3	水环境承载力系数	30.0

（5）盘锦市水环境承载力指数计算

① 水质时间达标率 A_1。根据公式（3-2）：

盘锦市水质时间达标率 $A_1 = 1/27 \times (0.545 + 0.091 + 0.727 + 0.083 + 0.333 + 0.250 + 0.182 + 0.091 + 0.364 + 0.167 + 0.083 + 0.182 + 0.500 + 0.833 + 0.333 + 0.500 + 0.250 + 0.333 + 0.750 + 0.083 + 0.714 + 0.167 + 0.545 + 0.455 + 0.417 + 0.167 + 0.417) = 35.4\%$

② 水质空间达标率 A_2。根据公式(3-3)：

盘锦市水质空间达标率 $A_2 = 6/27 \times 100\% = 22.2\%$

③ 水环境承载力系数 R_C。根据公式(3-4)：

盘锦市 $R_C = 1/2 \times (0.354 + 0.222) = 28.8\%$

盘锦市水环境承载力情况如表 3-5 所示。

表 3-5　盘锦市水环境承载力情况

序号	指标	百分率/%
1	断面水质时间达标率	35.4
2	断面水质空间达标率	22.2
3	水环境承载力系数	28.8

3.2.3　承载力指数判定

综上，经计算盘锦市水环境承载力指数为 28.8%，属于超载状态。盘锦市内各区县，盘山县、兴隆台区、大洼区、双台子区的水环境承载力指数 R_C 分别为 26.6%、17.7%、46.5%、30.0%。

根据承载状态判定标准：当 $R_C < 70\%$ 时，判定区域为超载；当 $70\% \leqslant R_C < 90\%$ 时，判定该区域为临界超载状态；当 $R_C \geqslant 90\%$ 时，判定该区域盘为未超载状态。盘山县、兴隆台区、大洼区、双台子区承载状态均小于 70%，均为超载状态。不同指标对应状态情况如表 3-6 所示。盘锦市水环境承载力评价结果如表 3-7 所示。

表 3-6　不同指标对应的状态情况

序号	指标	状态
1	当 $R_C < 70\%$ 时	超载状态
2	当 $70\% \leqslant R_C < 90\%$ 时	临界超载状态
3	当 $R_C \geqslant 90\%$ 时	未超载状态

表 3-7　盘锦市水环境承载力评价结果

序号	区域	水环境承载力指数/%	承载状态
1	盘锦市	28.8	超载状态
2	盘山县	26.6	超载状态
3	兴隆台区	17.7	超载状态
4	大洼区	46.5	超载状态
5	双台子区	30.0	超载状态

3.2.4　结论

盘锦市水环境承载力总评价结果如表 3-8 所示。根据水环境承载力总评价结果，经总结分析得出不同承载状态县区数量和占比情况如下：超载区域个数为4，所占比例为100%。

表3-8 盘锦市水环境承载力总评价结果

区域	水质时间达标率/%	水质空间达标率/%	水环境承载力指数/%	承载状态
盘锦市	35.4	22.2	28.8	超载
盘山县	31.7	21.4	26.6	超载
兴隆台区	35.4	0.0	17.7	超载
大洼区	42.9	50.0	46.5	超载
双台子区	40.0	20.0	30.0	超载

3.3 盘锦市 2020 年水环境承载力评价

3.3.1 2020 年评价断面选取

按照生态环境部办公厅《关于开展水环境承载力评价工作的通知》（环办水体函〔2020〕538号）的相关要求，参与评价的断面（点位）为盘锦市境内，每季度监测一次以上的所有断面（点位），包括国控断面5处、省控断面5处、市控断面13处，共23处点位。

国控断面5处（4个位于盘锦境内），分别为：盘锦兴安、曙光大桥、赵圈河、胜利塘、三岔河；省控断面5处，分别为：闸北桥、中华路桥、于岗子闸前、新生桥、清水河闸；市控断面13处，分别为：大板桥、百草河桥、鱼圈沟漫水桥、305国道桥、挡潮闸、G1高速公路桥、兴辽路桥、双绕河闸、外环桥、308省道锦盘河桥、后郭家屯桥、兴油街桥、上口子。

3.3.2 水环境承载力指数计算

（1）盘山县水环境承载力指数计算

① 断面水质时间达标率。根据公式（3-1）：

大板桥断面水质时间达标率 $C_1 = 8/11 \times 100\% = 72.7\%$

鱼圈沟漫水桥断面水质时间达标率 $C_2 = 5/9 \times 100\% = 55.6\%$

双绕河闸断面水质时间达标率 $C_3 = 7/10 \times 100\% = 70.0\%$

G1高速桥断面水质时间达标率 $C_4 = 6/8 \times 100\% = 75.0\%$

308省道锦盘河桥断面水质时间达标率 $C_5 = 1/10 \times 100\% = 10.0\%$

305国道断面水质时间达标率 $C_6 = 10/11 \times 100\% = 90.9\%$

后郭家屯桥断面水质时间达标率 $C_7 = 9/10 \times 100\% = 90.0\%$

三岔河断面水质时间达标率 $C_8 = 12/12 \times 100\% = 100.0\%$

盘锦兴安断面水质时间达标率 $C_9 = 9/12 \times 100\% = 75.0\%$

兴辽路桥断面水质时间达标率 $C_{10} = 2/11 \times 100\% = 18.2\%$

百草河桥断面水质时间达标率 $C_{11} = 5/11 \times 100\% = 45.5\%$

② 水质时间达标率 A_1。根据公式(3-2)：

盘山县水质时间达标率 $A_1 = 1/11 \times (72.7\% + 55.6\% + 70.0\% + 75.0\% + 10.0\% + 90.9\% + 90.0\% + 100.0\% + 75.0\% + 18.2\% + 45.5\%) = 63.9\%$

③ 水质空间达标率 A_2。根据公式(3-3)：

盘山县水质空间达标率 $A_2 = 8/11 \times 100\% = 72.7\%$

④ 水环境承载力系数 R_C。根据公式(3-4)：

盘山县 $R_C = 1/2 \times (63.9\% + 72.7\%) = 68.3\%$

盘山县水环境承载力情况如表 3-9 所示。

表 3-9　盘山县水环境承载力情况

序号	指标	百分率/%
1	断面水质时间达标率	63.9
2	断面水质空间达标率	72.7
3	水环境承载力系数	68.3

（2）兴隆台区水环境承载力指数计算

① 断面水质时间达标率。根据公式(3-1)：

于岗子闸前断面水质时间达标率 $C_1 = 10/10 \times 100\% = 100\%$

兴油街桥断面水质时间达标率 $C_2 = 8/11 \times 100\% = 72.7\%$

曙光大桥断面水质时间达标率 $C_3 = 11/12 \times 100\% = 91.7\%$

胜利塘断面水质时间达标率 $C_4 = 8/12 \times 100 = 66.7\%$

② 水质时间达标率 A_1。根据公式(3-2)：

兴隆台区水质时间达标率 $A_1 = 1/4 \times (100\% + 72.7\% + 91.7\% + 66.7\%) = 82.8\%$

③ 水质空间达标率 A_2。根据公式(3-3)：

兴隆台区水质空间达标率 $A_2 = 4/4 \times 100\% = 100.0\%$

④ 水环境承载力系数 R_C。根据公式(3-4)：

兴隆台区 $R_C = 1/2 \times (82.8\% + 100.0\%) = 91.4\%$

兴隆台区水环境承载力情况如表 3-10 所示。

表 3-10　兴隆台区水环境承载力情况

序号	指标	百分率/%
1	断面水质时间达标率	82.8
2	断面水质空间达标率	100.0
3	水环境承载力系数	91.4

（3）大洼区水环境承载力指数计算

① 断面水质时间达标率。根据公式(3-1)：

清水河闸断面水质时间达标率 $C_1 = 9/10 \times 100\% = 90.0\%$

挡潮闸断面水质时间达标率 $C_2 = 5/11 \times 100\% = 45.5\%$

上口子断面水质时间达标率 $C_3 = 6/6 \times 100\% = 100.0\%$

赵圈河断面水质时间达标率 $C_4 = 12/12 \times 100\% = 100.0\%$

② 水质时间达标率 A_1。根据公式（3-2）：

大洼区水质时间达标率 $A_1 = 1/4 \times (90.0\% + 45.5\% + 100.0\% + 100.0\%) = 83.9\%$

③ 水质空间达标率 A_2。根据公式（3-3）：

大洼区水质空间达标率 $A_2 = 3/4 \times 100\% = 75.0\%$

④ 水环境承载力系数 R_C。根据公式（3-4）：

大洼区 $R_C = 1/2 \times (83.9\% + 75.0\%) = 79.5\%$

大洼区水环境承载力情况如表 3-11 所示。

表 3-11   大洼区水环境承载力情况

序号	指标	百分率/%
1	断面水质时间达标率	83.9
2	断面水质空间达标率	75.0
3	水环境承载力系数	79.5

（4）双台子区水环境承载力指数计算

① 断面水质时间达标率计算。根据公式（3-1）：

闸北桥断面水质时间达标率 $C_1 = 8/10 \times 100\% = 80.0\%$

中华路桥断面水质时间达标率 $C_2 = 11/12 \times 100\% = 91.7\%$

外环桥断面水质时间达标率 $C_3 = 9/11 \times 100\% = 81.8\%$

新生桥断面水质时间达标率 $C_4 = 9/10 \times 100 = 90.0\%$

② 水质时间达标率 A_1。根据公式（3-2）：

双台子区水质时间达标率 $A_1 = 1/4 \times (80.0\% + 91.7\% + 81.8\% + 90.0\%) = 85.9\%$

③ 水质空间达标率 A_2。根据公式（3-3）：

双台子区水质空间达标率 $A_2 = 3/4 \times 100\% = 75.0\%$

④ 水环境承载力系数 R_C。根据公式（3-4）：

双台子区 $R_C = 1/2 \times (85.9\% + 75.0\%) = 80.5\%$

双台子区水环境承载力情况如表 3-12 所示。

表 3-12   双台子区水环境承载力情况

序号	指标	百分率/%
1	断面水质时间达标率	85.9
2	断面水质空间达标率	75.0
3	水环境承载力系数	80.5

（5）盘锦市水环境承载力指数计算

① 水质时间达标率 A_1。根据公式（3-2）：

盘锦市水质时间达标率 $A_1 = 1/23 \times (72.7\% + 55.6\% + 70.0\% +$

75.0％＋10.0％＋90.9％＋90.0％＋100.0％＋75.0％＋18.2％＋45.5％＋100％＋72.7％＋91.7％＋66.7％＋90.0％＋45.5％＋100.0％＋100.0％＋80.0％＋91.7％＋81.8％＋90.0％）＝74.5％

② 水质空间达标率 A_2。根据公式(3-3)：

盘锦市水质空间达标率 A_2＝18/23×100％＝78.3％

③ 水环境承载力系数 R_C。根据公式(3-4)：

盘锦市 R_C＝1/2×(74.5％＋78.3％)＝76.4％

盘锦市水环境承载力情况如表 3-13 所示。

表 3-13　盘锦市水环境承载力情况

序号	指标	百分率/％
1	断面水质时间达标率	74.5
2	断面水质空间达标率	78.3
3	水环境承载力系数	76.4

3.3.3　状态判定结果

盘锦市水环境承载力评价结果如表 3-14 所示。根据表 3-14 对应结果可以看出，盘锦市水环境承载力指数为 76.4％，属于临界超载状态。

表 3-14　盘锦市水环境承载力评价结果

序号	区域	水环境承载力指数/％	承载状态
1	盘锦市	76.4	临界超载状态
2	盘山县	68.3	超载状态
3	兴隆台区	91.4	未超载状态
4	大洼区	79.4	临界超载状态
5	双台子区	80.5	临界超载状态

3.3.4　结论

根据水环境承载力评价结果，经总结分析得出不同承载状态县区数量和占比情况如下：超载状态县区数为 1 个，所占比例为 25％；临界超载状态县区数为 2 个，所占比例为 50％；未超载状态县区数为 1 个，所占比例为 25％。盘锦市参与评价断面（点位）基础信息如表 3-15 所示。

表 3-15　盘锦市参与评价断面（点位）基础信息

断面名称	所在地(考核地)	所属流域	所属河流	水质目标	断面属性	断面考核
盘锦兴安	盘山县	辽河流域	辽河	Ⅳ	市界	国控
305 国道锦盘河桥	盘山县	辽河流域	锦盘河	Ⅳ	入河口	市控
305 国道桥	盘山县	辽河流域	太平河	Ⅴ	县界	市控
G1 高速桥	盘山县	辽河流域	西沙河	Ⅳ	县界	市控
百草河桥	盘山县	辽河流域	一统河	Ⅳ	县界	市控
大板桥	盘山县	辽河流域	小柳河	Ⅳ	市界	省控

续表

断面名称	所在地(考核地)	所属流域	所属河流	水质目标	断面属性	断面考核
孔家铺南桥	盘山县	辽河流域	南屁岗子河	IV	县界	市控
石欢线桥	盘山县	辽河流域	南屁岗子河	IV	市界	市控
双绕河闸	盘山县	辽河流域	双绕总干	IV	入河口	市控
万金滩	盘山县	辽河流域	绕阳河	IV	入河口	市控
兴辽路桥	盘山县	辽河流域	南屁岗子河	IV	县界	市控
鱼圈沟漫水桥	盘山县	辽河流域	绕阳河	IV	县界	市控
三岔河	盘山县	辽河流域	大辽河	IV	市界	国控
古城子村	盘山县	辽河流域	外辽河	V	市界	市控
曙光大桥	兴隆台区	辽河流域	辽河	IV	县界	国控
胜利塘	兴隆台区	辽河流域	绕阳河	IV	入河口	国控
人干口	兴隆台区	辽河流域	太平河	V	入河口	市控
于岗子	兴隆台区	辽河流域	螃蟹沟	V	入河口	省控
赵圈河	大洼区	辽河流域	辽河	IV	入海口	国控
挡潮闸	大洼区	辽河流域	赵圈河	V	入河口	市控
盘山大站	大洼区	辽河流域	新开河	V	入河口	市控
清水河闸	大洼区	辽河流域	清水河	V	入河口	省控
210省道桥	双台子区	辽河流域	双绕总干	IV	县界	市控
外环桥	双台子区	辽河流域	双绕总干	IV	县界	市控
新生桥	双台子区	辽河流域	太平河	V	入河口	省控
闸北桥	双台子区	辽河流域	小柳河	IV	入河口	市控
中华路桥	双台子区	辽河流域	一统河	IV	入河口	省控

第4章

辽河河口区域总氮排放总量控制

4.1 基本情况

根据辽宁省生态环保厅发布的《关于开展〈"十三五"生态环境保护规划〉氮磷总量控制评估工作的通知》（辽环综函〔2020〕733号），对辽宁省盘锦市赵圈河断面、三岔河断面、曙光大桥断面及胜利塘断面进行总氮总量控制。

4.1.1 "十三五"期间辽河入海区域各断面总氮的整体概况

辽宁省监测站提供的2015～2020年期间4个断面的总氮监测数据共计124个，对其水质达标情况进行分析，监测数据类别分析结果如图4-1所示。

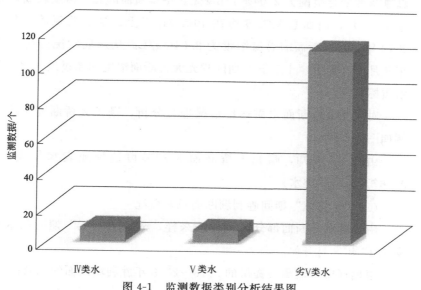

图4-1 监测数据类别分析结果图

由图 4-1 可知，达到地表水 IV 类水标准的监测数据有 8 个，达到地表水 V 类水标准的监测数据有 7 个，劣 V 类水的监测数据有 109 个。

(1)"十三五"期间曙光大桥断面总氮概况

根据辽宁省监测站提供的 2018～2020 年曙光大桥断面的总氮监测数据，绘制出总氮浓度变化图，如图 4-2 所示。

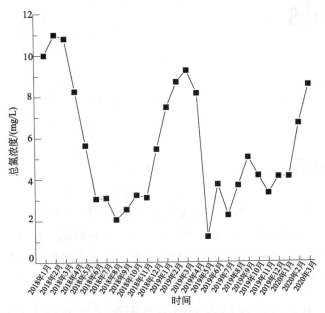

图 4-2   "十三五"期间曙光大桥断面总氮浓度变化

由图 4-2 可知，曙光大桥断面的总氮浓度整体呈现波浪式变化，断面总氮浓度变化范围为 2.04～11mg/L。冬季断面的总氮浓度较高，如 2018 年 1～3 月，断面总氮浓度均在 10mg/L 以上；夏季总氮浓度较低，如 2018 年 8 月，断面的总氮浓度为 2.04mg/L。从水质状况分析，除 2019 年 5 月外，整个"十三五"期间曙光大桥断面浓度均超过地表水 V 类水的水质标准。

对曙光大桥断面水质达标情况进行分析，曙光大桥断面水质类别比例如图 4-3 所示。

由图 4-3 可知，曙光大桥断面 3.33% 可达到地表水 IV 类水标准，96.67% 为劣 V 类水。

(2)"十三五"期间胜利塘断面总氮概况

由于胜利塘断面部分时段无法采样，故"十三五"期间的水质数据从 2017 年 8 月开始。

根据辽宁省监测站提供的 2018～2019 年胜利塘断面的总氮监测数据，绘制出总氮浓度变化图，如图 4-4 所示。

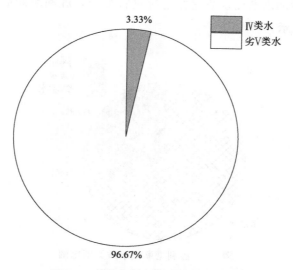

图 4-3 曙光大桥断面水质类别比例

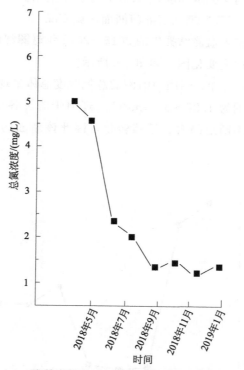

图 4-4 胜利塘断面"十三五"期间总氮浓度变化

由图 4-4 可知，胜利塘断面总氮浓度变化范围为 1.14～6.12mg/L，冬季水质状况最差；随着天气变暖、气温升高、河水解封，水质污染状况逐渐减轻。2018 年 8 月、10 月、11 月，断面水质可达到 Ⅳ 类水的标准。

对胜利塘断面水质达标情况进行分析，胜利塘断面水质类别比例如图 4-5 所示。

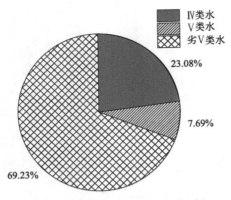

图 4-5　胜利塘断面水质类别比例

由图 4-5 可知，胜利塘断面 23.08％可达到地表水 Ⅳ 类水标准，7.69％可达到 V 类水标准，69.23％为劣 V 类水。

（3）"十三五"期间赵圈河断面总氮概况

根据辽宁省监测站提供的 2015～2018 年赵圈河断面的总氮监测数据，绘制出总氮浓度变化图，如图 4-6 所示。

由图 4-6 可知，赵圈河断面的总氮浓度总体呈现上升状态，断面总氮浓度变化范围为 1.27～6.79mg/L。辽河干流及各个支流在流动过程中，水中污染物不断地降解、迁移转化，因此该断面的水质状况略好于曙光大桥断面。

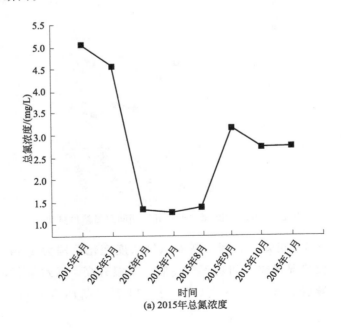

(a) 2015年总氮浓度

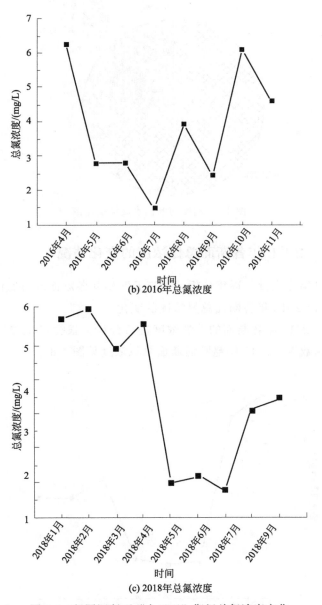

图 4-6　赵圈河断面"十三五"期间总氮浓度变化

"十三五"期间，约有 9.3％的时段可达到Ⅳ类水标准，20.9％的时段可达到Ⅴ类水标准。

对赵圈河断面水质达标情况进行分析，赵圈河断面水质类别比例如图 4-7 所示。

由图 4-7 可知，赵圈河断面 7.69％可达到地表水Ⅳ类水标准，9.62％可达到Ⅴ类水标准，82.69％为劣Ⅴ类水。

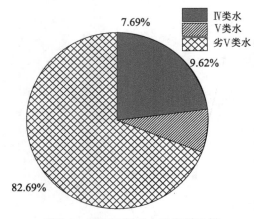

图 4-7　赵圈河断面水质类别比例

4.1.2　2015～2020 年各断面总氮浓度的变化情况

以年为度量，逐年分析"十三五"期间各断面的总氮浓度变化情况。

（1）2015 年各断面总氮浓度的变化

对 2015 年各断面的总氮浓度进行分析，根据辽宁省监测站提供的水质监测数据，2015 年赵圈河断面总氮浓度见图 4-8。

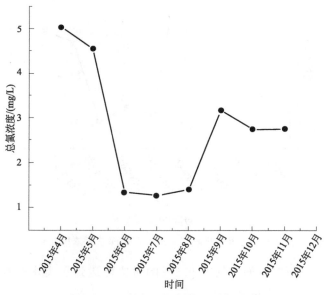

图 4-8　2015 年赵圈河断面总氮浓度

由图 4-8 可知，赵圈河断面总氮浓度总体呈现先下降后上升的趋势。4～6 月，天气变暖，逐渐升温，河流逐渐解封，污染物的降解速率和微生物的增殖速率逐渐增加，因此水中总氮浓度处于下降趋势；6～8 月，污染物的降解达到最佳条件，河流中总氮浓度基本不变；8～12 月，总氮浓度整体呈现上升趋势。

对 2015 年断面的水质数据进行描述性统计分析，分析结果如表 4-1 所示。

表 4-1　2015 年赵圈河断面水质数据描述性统计分析

位置	数据个数 /个	均值 /(mg/L)	标准差	总和 /(mg/L)	最小值 /(mg/L)	中位数 /(mg/L)	最大值 /(mg/L)
赵圈河断面	8	2.78	1.45	22.25	1.27	2.75	5.04

由表 4-1 可知，2015 年赵圈河断面 8 个水质数据的均值为 2.78mg/L，超过地表水 V 类水标准，标准差为 1.45。按照水质考核标准（Ⅳ类水），达标率约为 37.5%。

（2）2016 年各断面总氮浓度的变化

对 2016 年各断面的总氮浓度进行分析，根据辽宁省监测站提供的水质监测数据，2016 年各断面总氮浓度见图 4-9。

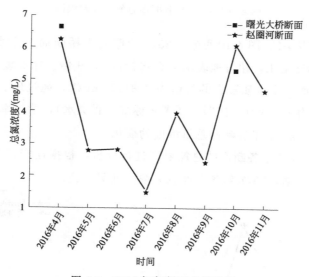

图 4-9　2016 年各断面总氮浓度

由图 4-9 可知，赵圈河断面总氮浓度波动较大，4～7 月，整体呈下降趋势，下降幅度约为 4.76mg/L；7～8 月，浓度增加 2.46mg/L；8～9月，浓度减少 1.51mg/L；9～10 月，浓度增加 3.65mg/L；10～11 月，浓度减少 1.43mg/L。曙光大桥断面仅在 4 月、10 月进行监测，总氮浓度均在 5mg/L 以上。

2016 年各断面水质数据描述性统计分析结果见表 4-2，2016 年各断面总氮浓度箱线图见图 4-10。

表 4-2　2016 年各断面水质数据描述性统计分析

位置	数据个数 /个	均值 /(mg/L)	标准差	总和 /(mg/L)	最小值 /(mg/L)	中位数 /(mg/L)	最大值 /(mg/L)
曙光大桥断面	2	5.985	0.95459	11.97	5.31	5.985	6.66
赵圈河断面	8	3.81125	1.73921	30.49	1.49	3.385	6.25

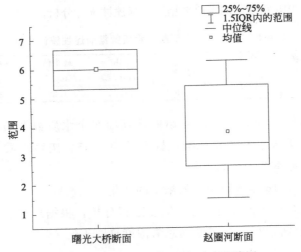

图 4-10   2016 年各断面总氮浓度箱线图

由表 4-2、图 4-10 可知，2016 年曙光大桥断面 2 个水质数据的均值为 5.985mg/L，超过地表水 Ⅴ 类水标准 1.99 倍，标准差为 0.95459；赵圈河断面 8 个水质数据的均值为 3.81125mg/L，超过地表水 Ⅴ 类水标准，标准差为 1.73921。按照水质考核标准（Ⅳ 类水），达标率约为 12.5%。

（3）2017 年各断面总氮浓度的变化

对 2017 年各断面的总氮浓度进行分析，根据辽宁省监测站提供的水质监测数据，2017 年各断面总氮浓度见图 4-11。

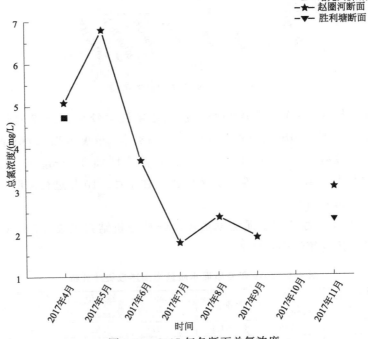

图 4-11   2017 年各断面总氮浓度

由图 4-11 可知，整体水质变化趋势为先降低再升高。赵圈河断面 5 月总氮浓度最高，为 6.79mg/L；7 月总氮浓度最低，仅为 1.78mg/L。曙光大桥断面 4 月总氮浓度为 4.75mg/L，超过水质考核标准 2.17 倍；胜利塘断面 11 月总氮浓度为 2.32mg/L，超过水质考核标准 0.55 倍。

2017 年各断面水质数据描述性统计分析结果见表 4-3，2017 年各断面总氮浓度箱线图见图 4-12。

表 4-3　2017 年各断面水质数据描述性统计分析

位置	数据个数 /个	均值 /(mg/L)	标准差	总和 /(mg/L)	最小值 /(mg/L)	中位数 /(mg/L)	最大值 /(mg/L)
曙光大桥断面	1	4.75	—	4.75	4.75	4.75	4.75
赵圈河断面	7	3.53286	1.83479	24.73	1.78	3.09	6.79
三岔河断面	2	10.645	1.393	21.29	9.66	10.645	11.63
胜利塘断面	1	2.32	—	2.32	2.32	2.32	2.32

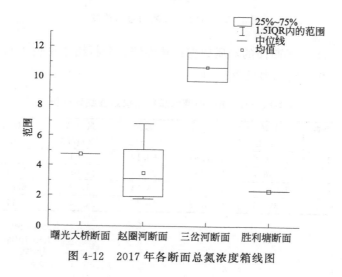

图 4-12　2017 年各断面总氮浓度箱线图

由表 4-3、图 4-12 可知，2017 年赵圈河断面 7 个水质数据的均值为 3.53286mg/L，超过地表水 Ⅳ 类水标准 1.35524 倍，标准差为 1.83479；三岔河断面 2 个水质数据的均值为 10.645mg/L，超过地表水 Ⅴ 类水标准 4.3225 倍，标准差为 1.393。

（4）2018 年各断面总氮浓度的变化

对 2018 年各断面的总氮浓度进行分析，根据辽宁省监测站提供的水质监测数据，2018 年各断面总氮浓度见图 4-13。

由图 4-13 可知，各断面水质变化趋势均为先降低再升高。四个控制断面中，胜利塘断面总氮浓度最低，三岔河断面总氮浓度最高。5～7 月，赵圈河断面水质劣于曙光大桥断面，可能绕阳河、太平河支流汇入挟带较多污染物，因流经距离过短，部分污染物未能完全降解，致使下游断面浓度高于上游断面。

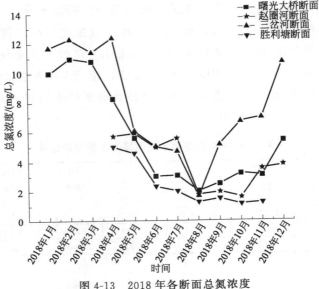

图 4-13 2018 年各断面总氮浓度

2018 年各断面的水质数据描述性统计分析结果见表 4-4,2018 年各断面总氮浓度箱线图见图 4-14。

表 4-4 2018 年各断面水质数据描述性统计分析

断面	数据个数/个	均值/(mg/L)	标准差	总和/(mg/L)	最小值/(mg/L)	中位数/(mg/L)	最大值/(mg/L)
曙光大桥断面	12	5.67667	3.42985	68.12	2.04	4.33	11
赵圈河断面	9	3.88667	1.76187	34.98	1.63	3.81	5.94
三岔河断面	12	7.90333	3.62362	94.84	1.68	6.85	12.4
胜利塘断面	8	2.39375	1.53778	19.15	1.14	1.77	5

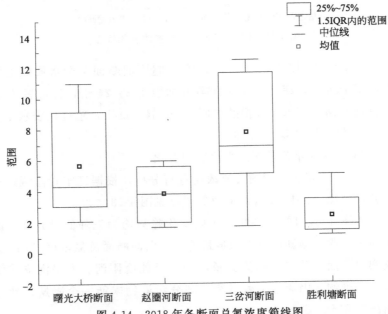

图 4-14 2018 年各断面总氮浓度箱线图

由表 4-4、图 4-14 可知，2018 年曙光大桥断面 12 个水质数据的均值为 5.67667mg/L，超过地表水Ⅳ类水标准 2.78 倍，标准差为 3.42985；赵圈河断面 9 个水质数据的均值为 3.88667mg/L，标准差为 1.76187；三岔河断面 12 个水质数据的均值为 7.90333mg/L，超过地表水Ⅴ类水标准 2.95 倍，总氮浓度最大值为 12.4mg/L；胜利塘断面 8 个水质数据的均值为 2.39375mg/L，标准差为 1.53778。

（5）2019 年各断面总氮浓度的变化

对 2019 年各断面的总氮浓度进行分析，根据辽宁省监测站提供的水质监测数据，2019 年各断面总氮浓度见图 4-15。

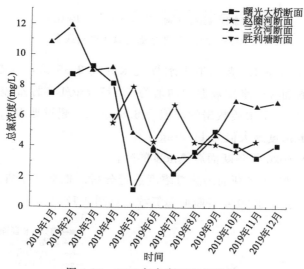

图 4-15　2019 年各断面总氮浓度

由图 4-15 可知，曙光大桥断面、三岔河断面、胜利塘断面总氮浓度呈现较为明显的先下降后上升的趋势，赵圈河断面总氮浓度在 4.15～7.91mg/L 范围内有些许的波动。1～4 月、9～12 月，三岔河断面水质最差；5～8 月，赵圈河断面水质最差。2019 年，曙光大桥断面水质最好，5 月总氮浓度仅为 1.21mg/L。

2019 年各断面水质数据描述性统计分析结果见表 4-5，2019 年各断面总氮浓度见图 4-16。

表 4-5　2019 年各断面水质数据描述性统计分析

断面	数据个数/个	均值/(mg/L)	标准差	总和/(mg/L)	最小值/(mg/L)	中位数/(mg/L)	最大值/(mg/L)
曙光大桥断面	12	5.07833	2.65155	60.94	1.21	4.115	9.25
赵圈河断面	8	5.1175	1.48983	40.94	3.7	4.32	7.91
三岔河断面	12	6.8	2.9047	81.6	3.28	6.79	11.9
胜利塘断面	1	6.01	—	6.01	6.01	6.01	6.01

由表 4-5、图 4-16 可知，2019 年曙光大桥断面 12 个水质数据的均值

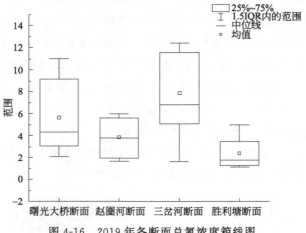

图 4-16   2019 年各断面总氮浓度箱线图

为 5.07833mg/L，超过地表水 Ⅳ 类水标准 2.39 倍，标准差为 2.65155；赵圈河断面 8 个水质数据的均值为 5.1175mg/L，标准差为 1.48983；三岔河断面 12 个水质数据的均值为 6.8mg/L，超过地表水 Ⅴ 类水标准 2.4 倍，总氮浓度最大值为 11.9mg/L。

（6）2020 年各断面总氮浓度的变化

对 2020 年各断面的总氮浓度进行分析，根据辽宁省监测站提供的水质监测数据，2020 年各断面总氮浓度见图 4-17。

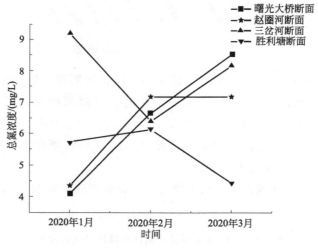

图 4-17   2020 年各断面总氮浓度

由图 4-17 可知，2020 年曙光大桥断面总氮浓度呈上升趋势，1 月份总氮浓度最低，为 4.09mg/L；赵圈河断面总氮浓度先上升、后逐渐平稳；胜利塘断面总氮浓度呈先升高后下降的趋势，2 月份浓度最高；三岔河断面总氮浓度呈先下降再升高趋势。

2020 年各断面水质数据描述性统计分析结果见表 4-6，2020 年各断面总氮浓度箱线图见图 4-18。

表 4-6　2020 年各断面水质数据描述性统计分析

断面	数据个数 /个	均值 /(mg/L)	标准差	总和 /(mg/L)	最小值 /(mg/L)	中位数 /(mg/L)	最大值 /(mg/L)
曙光大桥断面	3	6.42333	2.22446	19.27	4.09	6.66	8.52
赵圈河断面	3	6.22	1.62813	18.66	4.34	7.16	7.16
三岔河断面	3	7.91	1.41799	23.73	6.38	8.17	9.18
胜利塘断面	3	5.42333	0.87592	16.27	4.44	5.71	6.12

由表 4-6、图 4-18 可知，2020 年曙光大桥断面 3 个水质数据的均值为 6.42333mg/L，超过地表水 Ⅳ 类水标准 3.28 倍，标准差为 2.22446；赵圈河断面 3 个水质数据的均值为 6.22mg/L，标准差为 1.62813；三岔河断面 3 个水质数据的均值为 7.91mg/L，超过地表水 Ⅴ 类水标准 2.955倍，总氮浓度最大值为 9.18mg/L；胜利塘断面 3 个水质数据的均值为 5.42333mg/L，标准差为 0.87592。

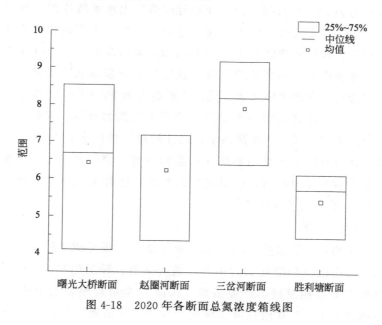

图 4-18　2020 年各断面总氮浓度箱线图

4.2　辽河盘锦段污染源调查及污染负荷分析研究

分别从点源、面源两方面对辽河盘锦段各污染源进行调查分析。根据调查结果，对点源、面源的总氮污染负荷进行核算，确定入河系数并计算总氮入河量。依据核算结果，对总氮负荷贡献率进行分析。从整体上了解并掌控辽河盘锦段总氮污染现状，为实施总氮总量控制奠定基础。

4.2.1　点源污染源调查

（1）城镇生活源

随着城市化进程不断加快，城市规模逐渐扩大，城镇居民的用水量和排污量逐年增多。城镇生活污水成为城市水环境的主要污染源，也是点源污染的主要控制对象之一。

2019年，辽宁省住建厅、生态环境厅等部门出台了《城镇污水处理提质增效三年行动方案》，要求要加快补齐城镇污水收集和处理设施短板，推动解决污水直排、雨污水错接混接、外水入渗、溢流污染、工业废水不达标等问题，进一步提升城市污水处理系统收集、处理的效能。

目前盘锦市已建成运行的城镇污水处理厂共有5座，包括4座城区污水处理厂和1座县区污水处理厂。盘锦市第一污水处理厂位于外环路以西、螃蟹沟以南的兴隆台区，主要收集兴隆台区城区生活污水；设计处理能力为 $10×10^4 t/d$，2012年提标改造后出水水质达到一级A标准。盘锦市第二污水处理厂位于辽河右岸双台子区，主要收集双台子区城区生活污水；设计处理能力为 $10×10^4 t/d$，采用改良式 A^2/O＋深度处理工艺。盘锦市第三污水处理厂位于盘锦经济开发区化工产业园内，主要处理兴隆台区东部生活污水；设计处理能力为 $5×10^4 t/d$，采用改良型 A^2/O 工艺。大洼区城市污水处理厂位于大洼鑫园社区、北排总干终点，主要收集大洼区城区的生活污水；设计处理生活污水 $4×10^4 t/d$。盘山县城镇污水处理厂位于盘山县环保产业园西侧、绕阳河左岸，主要收集盘山县新县城及辽河油田矿区居民生活污水；设计处理生活污水 $1×10^4 t/d$，采用 A/O＋人工湿地工艺。

（2）工业源

盘锦是辽宁最重要的石化产业基地，逐步形成了以油气采掘业为基础，以石化及精细化工为主导，装备制造、轻工建材、电子信息、粮油深加工等竞相发展的产业格局。2018年全市规模以上企业达到252户，规模以上工业增加值总量和增速均位居辽宁省第三位，2018年规模以上工业增加值行业构成占比情况如图4-19所示。

规模以上工业企业主营业务收入2558.3亿元，同比增长24.4%。其中，油气采掘业主营业务收入305.9亿元，占全市规模以上工业的比重为11.9%；石化及精细化工行业主营业务收入1898.2亿元，占比为74.2%；装备制造行业主营业务收入46.3亿元，占比为1.8%；轻工建材行业主营业务收入112.8亿元，占比为4.4%；电子信息行业主营业务收入19.2亿元，占比为0.8%。

盘锦的工业企业包括食品加工业、制药业、肉类加工厂、石化行业等，不同行业排放的污水性质差异较大，应用的污水处理设施也不同。

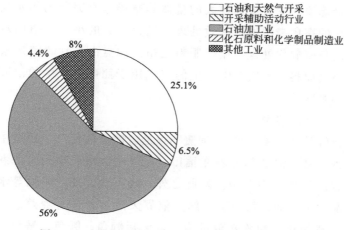

图 4-19　2018 年规模以上工业增加值行业构成占比

2019 年，生态环境部下发了《关于加快排污许可证的核发进度的通知》，各省、市也下发了相关的政策文件。盘锦市环境主管部门对全市 11 个涉氮重点行业、共计 997 家涉氮重点排污企业进行登记调查，调查内容包括企业名称、行政区划名称、空间位置信息、是否取得排污许可证、总氮许可排放浓度限值、总氮许可排放量等。截至 2019 年末，共有 57 家工业企业获得总氮排污许可证。其中，农副食品加工业 19 家，造纸和纸制造品业 1 家，医药制造业 9 家，水的生产和供应业 22 家，生态保护和环境治理业 6 家。

4.2.2　面源污染源调查

（1）农村生活污水

农村与城镇相比，用水量较低，排放的水质相对稳定；地形复杂，人口密度较低，污水的收集、处理不便；排水系统并不健全，部分地区未建有污水处理设施。

对盘锦地区进行实地考察发现，盘锦农村污水管道的普及率较低，运行的污水处理设施较少。相关统计资料表明，盘锦市共建有 118 个农村污水处理设施，截至 2019 年，共有 34 个污水处理设施处于运行状况。

（2）畜禽养殖

盘锦市畜禽养殖种类包括生猪、肉牛、蛋鸡、肉鸡和奶牛，不同区县养殖种类略有不同。其中大洼区畜禽养殖数量最多，养殖种类包括生猪、肉牛、蛋鸡和肉鸡。不同种类或同一种类在不同饲养阶段的畜禽产生排泄物的量不同。除了部分粪便用于生产沼气或作为有机肥料用于农田种植，其余部分均流失到环境中。污染物中 N、P 等营养物质被微生物利用，剩余的污染物随降雨以农田径流的形式进入河中。同时，清洗饲养器具、冲洗圈舍时也会产生污水，这些污水直接排入周围河道。

盘锦地区少数规模较大的畜禽养殖场建有完善的污水处理设施，能对产生的畜禽粪污进行有效处理；绝大多数的小型养殖场对产生的畜禽粪污进行资源化处理，用作肥料还田。如盘山县沙岭镇郑家村将猪粪便作为沼气原料，沼气池中产生的沼气用于照明，产生的沼液、沼渣作为棚菜的肥料。

（3）水产养殖

盘锦是"河蟹之乡"，河蟹不仅是盘锦市的特产，还是中国国家地理标志性产品。河蟹部分养在稻田、尾田中，构成稻田生态系统；部分在池塘或围栏中集中养殖。除此之外，还有鱼、虾、泥鳅等水产品。这些水产品部分投加饲料养殖，部分依靠天然饵料进行养殖。其中，大洼区水产养殖的种类和养殖数量最多，包括鲤鱼、鲫鱼、鲢鱼、草鱼、中国对虾和南美白对虾，2019 年水产品产量可达 48471t。

养殖废水基本都没建有配套处理设施，部分通过渗透作用流入地下，部分直接排入河中。

（4）农田径流

盘锦水稻作物种植广泛，因其所处的土地资源肥沃、淡水资源丰富、温度适宜等特点，水稻的质量和产量都很高。2002 年，国务院命名盘锦市为有机米生产基地。由《2017 年盘锦市统计年鉴》可知，盘锦市土地资源合计 4102.9km^2，其中耕地面积约为 1574.2km^2，园地面积约为 2.3km^2，两者约占总面积的 38.42%。

近年来，为了使农作物增产，种植过程中过度施肥。部分营养物质被作物吸收利用，未被作物吸收利用的氮、磷则通过地表径流或地下淋溶进入受纳水体或土壤，进而引发水体富营养化、土壤污染等环境问题。

（5）城市径流

城市降雨形成径流，通过屋面、道路汇入路边的检查井，而后通过管道排入河中。降雨产生的初期雨水中包含大量的污染物，如不进行处理，会对环境造成污染。与此同时，盘锦也是缺水城市之一，对雨水加以利用不仅可以缓解水资源短缺的危机，还有利于水环境的综合治理。

4.2.3　点源污染负荷核算

点源污染是以点状形式排放而使水体造成的污染，如污水处理厂及一些工业企业通过排污口直接将污水排入河中。本研究中点源核算从城镇生活污水和工业源这两方面入手。

（1）城镇生活污水总氮的核定

城镇生活污水总氮排放量共包含经排水管网输送至污水处理厂处理后的污水和未纳入排水管网未经处理的污水两个部分。

由前期调查可知，2019 年盘锦市 5 个污水处理厂的污水处理量共计

9104.8932×10^4 t，在处理过程中有蒸发、过滤等损耗，故厂区出水量约为处理量的 80%～90%，本研究中取 80%；污水处理厂出水均达到一级 A 标准，故研究区内 2019 年污水处理厂的总氮排放量为 970.54t。

利用《第一次全国污染源普查城镇生活源产排污系数手册》第一分册中的污染物产生量公式和污染物排放量公式，对未经处理的污水进行核算。目前盘锦市城镇污水集中收集率约为 60%～70%，本研究中取 65%，故 35% 的污水未经污水处理厂收集处理。

$$G_c = 365NF_c \times 10^{-6} \tag{4-1}$$
$$G_p = 365NF_p \times 10^{-6} \tag{4-2}$$

式中　G_c、G_p——城镇居民生活污水污染物年产生量和排放量，t/a；

　　　　N——城镇居民常住人口，人；

　　　　F_c、F_p——城镇居民生活污水污染物产生系数和排放系数，g/（人·d）。

由"盘锦市 2019 年国民经济和社会发展统计公报"可知，2019 年末常住人口为 144 万人。本研究根据 2017 年各乡镇人口数之比，推算得到 2019 年各乡镇的人口数。

各支流区域的人口分布情况如表 4-7 所示。

表 4-7　各支流区域的人口分布情况

流域	区县范围	各乡镇人口/人			支流区域人口/人			城镇化率/%
		城镇人口	农村人口	总人口	城镇人口	农村人口	总人口	
太平河	高升镇 70%	8259	13777	22036	40334	28442	68776	58.64
	得胜镇 11.1%	237	1777	2014				
	陈家镇 11.1%	251	1333	1584				
	太平镇 50%	8949	7482	16431				
	友谊街道 50%	4737	0	4737				
	曙光街道 50%	7116	0	7116				
	新生街道 50%	5506	0	5506				
	陆家乡 60%	3411	4073	7484				
	高升街道 12.5%	1868	0	1868				
一统河	高升街道 87.5%	13076	0	13076	211406	11547	222953	94.82
	陆家乡 40%	2274	2715	4989				
	陈家镇 33.3%	753	4000	4753				
	统一乡 50%	1330	4832	6162				
	双盛街道	11886	0	11886				
	胜利街道	40666	0	40666				
	辽河街道	46730	0	46730				
	建设街道	64164	0	64164				
	铁东街道	8803	0	8803				
	红旗街道	21724	0	21724				
小柳河	陈家镇 55.6%	1258	6679	7937	2588	11511	14099	18.35
	统一乡 50%	1330	4832	6162				
螃蟹沟	新立镇	3158	16345	19503	367024	39289	406313	90.33
	兴海街道	26633	6097	32730				

续表

流域	区县范围	各乡镇人口/人			支流区域人口/人			城镇化率/%
		城镇人口	农村人口	总人口	城镇人口	农村人口	总人口	
螃蟹沟	新工街道	24405	0	24405	367024	39289	406313	90.33
	兴隆街道	57397	0	57397				
	渤海街道	49379	0	49379				
	创新街道	54232	0	54232				
	振兴街道	62064	0	62064				
	兴盛街道	33141	4011	37152				
	惠宾街道	56615	12836	69451				
清水河	新兴镇	8270	15043	23313	102116	74591	176707	57.79
	田家街道	16455	18854	35309				
	清水镇	7886	16819	24705				
	大洼街道	67625	8436	76061				
	赵圈河镇20%	1617	591	2208				
	唐家镇57.9%	263	14848	15111				
绕阳河	胡家镇	7915	23575	31490	66163	100280	166443	39.75
	甜水镇	1470	16422	17892				
	羊圈子镇	6265	15031	21296				
	东郭镇	10902	8810	19712				
	石新镇	7863	8820	16683				
	高升镇30%	3540	5905	9445				
	得胜镇88.9%	1900	14235	16135				
	太平镇50%	8949	7482	16431				
	友谊街道50%	4737	0	4737				
	曙光街道50%	7116	0	7116				
	新生街道50%	5506	0	5506				

各支流流域内的城镇人口数：太平河流域40334人，一统河流域211406人，小柳河流域2588人，螃蟹沟流域367024人，清水河流域102116人，绕阳河流域66163人。

查阅《第一次全国污染源普查城镇生活源产排污系数手册》，盘锦为一区、二类城市，对应的总氮产排污系数如表4-8所示。

表4-8　城镇生活污水中总氮的产排污系数

产污系数/[g/(人·d)]		12.5
排污系数/[g/(人·d)]	直排	12.5
	化粪池处理	10.6

（2）工业源总氮的核定

工业源的总氮核算采用常规统计法，本研究只针对已发放排污许可证、具有总氮许可排放量的工业企业进行核算。工业企业中，需扣除城镇污水处理厂、农村污水处理设施及研究区以外的工业企业。用于核算的工业源总氮许可排放量见表4-9。

表 4-9 工业源总氮许可排放量

企业代码	乡(镇)	总氮许可排放量/(t/a)
Q₁	高升镇	33.125
Q₂	清水镇	13.5
Q₃	高升镇	0.31
Q₄	兴隆街道	0.102
Q₅	高升镇	0.036
Q₆	胜利街道	0.181
GW₁	高升镇	23.375
GW₂	大洼街道	54.75
GW₃	太平镇	23.375
GW₄	建设街道	23.375
GW₅	得胜镇	3.71
GW₆	兴隆街道	91.25
GW₇	振兴街道	54.75
Q₇	新工街道	28.908

注:"Q"表示企业;"GW"表示工业污水处理厂。

（3）入河系数的确定

依据《全国水环境容量核定技术指南》中给出的入河系数估算方法,以城市污水处理厂污水排放口距入河排污口距离的远近确定入河系数,并对入河系数进行渠道修正和温度修正。入河系数参考值见表 4-10 所示,修正系数参考值见表 4-11 所示。

表 4-10 入河系数

距离	入河系数参考值
$L \leqslant 1\text{km}$	1.0
$1\text{km} < L \leqslant 10\text{km}$	0.9
$10\text{km} < L \leqslant 20\text{km}$	0.8
$20\text{km} < L \leqslant 40\text{km}$	0.7
$L > 40\text{km}$	0.6

表 4-11 入河系数的修正系数

项目	修正系数参考值	
渠道修正系数	通过未衬砌明渠入河	0.6~0.9
	通过衬砌暗管入河	0.9~1.0
温度修正系数	$T < 10℃$	0.95~1.0
	$10℃ \leqslant T \leqslant 30℃$	0.8~0.95
	$T > 30℃$	0.7~0.8

对污水处理厂、工业企业排污口进行概化,根据概化点至各支流入干处的距离,确定入河系数为 0.9。

将未经处理的城镇生活污水视为面源污染,依据《国家生态环境部地表水环境容量核定技术规范》和《全国地表水环境容量核定工作常见问题辨析（一）》中的建议，取入河系数为0.2。

为了适应盘锦市降水量年内和年际分配不均、丰平枯水期特征明显的实际情况，充分利用水环境容量资源，需要对三个水期的水环境容量给予合理的开发利用，以满足当前经济发展对于水环境和水资源的迫切需要。

本研究以年为时间尺度，分三个水期进行水环境容量的计算。通过查阅相关参考文献，将一年划分为枯水期（1~3月、12月）、平水期（4~5月、10~11月）、丰水期（6~9月）。

按照表4-11，分别从渠道和温度两个方面对入河系数进行修正。由于工业企业与城镇污水处理厂均通过管道输送污水，故渠道修正系数取1.0；年内温度变化较大，结合各水期的划分，拟定丰水期、平水期、枯水期的温度修正系数分别为0.8、0.9、1.0。

（4）总氮入河量的确定

根据核算的城镇生活污水和工业源的排放量，结合选取的入河系数，点源污染的总氮入河量如表4-12所示。

表4-12　点源污染的总氮入河量

各支流区域	城镇生活污水总氮入河量/t			工业源总氮入河量/t		
	丰水期	平水期	枯水期	丰水期	平水期	枯水期
太平河	13.84202357	15.03554021	16.22905686	12.4539624	14.0107077	15.567453
一统河	103.621359	113.7607876	123.9002162	5.65344	6.36012	7.0668
小柳河	0.93020351	1.012039678	1.093875846	0	0	0
螃蟹沟	158.2619729	173.1606241	188.0592753	42.0024	47.2527	52.503
清水河	22.2631976	23.68720991	25.11122221	16.38	18.4275	20.475
绕阳河	18.07342307	19.45215061	20.83087816	7.6894776	8.6506623	9.611847

4.2.4　面源污染负荷核算

（1）总氮核定方法

面源污染负荷采用输出系数模型进行核算，这种核算方法不但简化面源污染发生的复杂过程，而且需要的参数少、简便易操作，适用于监测点位较少、缺少长时间序列监测数据、地势平坦的流域。

① 农村生活污水。农村生活污水的总氮排放量按式(4-3)计算：

$$G_农 = N_农 F_农 \times 365 \times 10^{-6} \qquad (4-3)$$

式中　$G_农$——农村生活污水污染物排放量，t/a；

$N_农$——农村居民常住人口，人；

$F_农$——农村生活污水污染物排放系数，g/(人·d)。

由表4-7可知，各支流流域内的农村人口数：太平河流域28442人，一统河流域11547人，小柳河流域11511人，螃蟹沟流域39289人，清水河流域 74591 人，绕阳河流域 100280 人。

农村生活污水污染物排放系数参考国家生态环境部确定的污染源调查源强数据，农村居民人均生活污水排放量为 80L/（人·d），总氮产污系数为 5.0g/（人·d）。

查阅盘锦市统计部门的相关资料，得到盘锦市农村居民生活污水处理设施污染物去除率如表 4-13 所示。农村生活污水处理设施中总氮的去除率为 14%，则 86% 的总氮未经处理直接排放，故农村生活污水的总氮排污系数为 4.3g/（人·d）。

表 4-13　盘锦市农村居民生活污水处理设施污染物去除率

区域	COD	BOD_5	氨氮	总氮	总磷	动植物油
一区	31%	30%	11%	14%	12%	68%

② 畜禽养殖。畜禽养殖的总氮排放量按式（4-4）计算：

$$G_{畜禽} = O_i D F_{畜禽} \times 流失系数 \times 10^{-2} \tag{4-4}$$

式中　$G_{畜禽}$——畜禽养殖污染物排放量，t/a；

O_i——畜禽养殖数量，万头；

i——养殖种类；

D——饲养期，天；

$F_{畜禽}$——畜禽个体排污系数，g/（头·d）。

根据国务院第二次全国污染源普查领导小组对盘锦市畜禽饲养情况的调查，得到盘锦市各区县畜禽养殖的种类及数量，统计结果如表 4-14 所示。通过查阅相关文献资料，确定畜禽的饲养期：猪的平均饲养期为 199d，牛的平均饲养期为 365d，羊的平均饲养期为 365d，鸡的平均饲养期为 210d。

表 4-14　盘锦市各区县畜禽饲养量统计结果

项目		大洼区	盘山县	双台子区	兴隆台区
		畜禽数量/万头	畜禽数量/万头	畜禽数量/万头	畜禽数量/万头
生猪	年出栏量≥50 头	22.193	6.2568	1.6284	0.8091
	年出栏量<50 头	4.5775	2.1675	0.5454	0.116
奶牛	年存栏量≥5 头	—	—	—	0.0074
	年存栏量<5 头	—	—	—	0.0009
肉牛	年出栏量≥10 头	0.009	0.327	0.0065	0.0039
	年出栏量<10 头	0.004	0.108	0.0011	0.0029
蛋鸡	年存栏量≥500 羽	37.45	—	0.2783	6.9896
	年存栏量<500 羽	31.32	—	0.2783	0.4398
肉鸡	年出栏量≥2000 羽	1408.2	—	9.8235	30.0681
	年出栏量<2000 羽	1081.8	—	1.5155	2.111

畜禽养殖的规模不同，相应的产排污系数不同。《第一次全国污染源普查畜禽养殖业源产排污系数手册》中将畜禽养殖规模分为规模

化养殖场、畜禽养殖小区和畜禽养殖专业户。规模化养殖场是指具有一定规模，并在工商部门注册登记过的养殖场，其存栏或出栏规模为：生猪≥500头（出栏）、奶牛≥100头（存栏）、肉牛≥200头（出栏）、蛋鸡≥20000羽（存栏）、肉鸡≥50000羽（出栏）。畜禽养殖小区是指在适合畜禽养殖的区域内建立一定规模的畜禽养殖地，只养一种畜禽并由多个养殖业主进行标准化养殖。畜禽养殖专业户是指达到一定畜禽饲养数量的养殖户，其存栏或出栏规模为：生猪≥50头（出栏）、奶牛≥5头（存栏）、肉牛≥10头（出栏）、蛋鸡≥500羽（存栏）、肉鸡≥2000羽（出栏）。

由表4-14可知，盘锦市畜禽养殖规模主要为畜禽养殖专业户及更小规模的零散养殖。鉴于《第一次全国污染源普查畜禽养殖业源产排污系数手册》中没有更小规模所对应的产排污系数，因此本研究中畜禽养殖专业户规模的总氮排污系数按照手册进行核算，选用畜禽各生长阶段的均值作为其排污系数，更小规模的畜禽排污系数按养殖专业户规模的一半进行计算。畜禽养殖排污系数如表4-15所示。

表4-15　畜禽养殖排污系数　　　　　　　单位：g/(头·d)

地区	规模	生猪	奶牛	肉牛	蛋鸡	肉鸡
盘山县	畜禽养殖专业户	25.011	136.0675	48.454	0.81	0.965
	零散养殖	12.5055	68.03375	24.227	0.405	0.4825
大洼区	畜禽养殖专业户	22.72	—	34.88	0	0.27
	零散养殖	11.36	—	17.44	0	0.135
双台子区	畜禽养殖专业户	24.6	—	37.918	0	0.27
	零散养殖	12.3	—	18.959	0	0.135
兴隆台区	畜禽养殖专业户	23.0535	108.58	33.63	0.0081	0.27251
	零散养殖	11.52675	54.29	16.815	0.00405	0.136255

畜禽的粪便除了生产农家肥、肥水还田及部分用于沼气生产外，其余均流失到环境中。依据国务院第二次全国污染源普查领导小组对盘锦市粪便及污水利用方式的统计结果，得到各区县总氮的流失系数如表4-16所示。

表4-16　畜禽养殖总氮流失系数

地区	生猪	奶牛	肉牛	蛋鸡	肉鸡
盘山县	0.3	—	0.3	—	—
大洼区	0.3103	—	0.3217	0.13	0.1
双台子区	0.28	—	0.30	0.30	0.28
兴隆台区	0.13	0.199	0.236	0.13	0.10

③ 水产养殖。水产养殖的总氮排放量按式(4-5)计算：

$$G_{水产} = \sum a_i \times m_i \times 10^{-3} \qquad (4-5)$$

式中　$G_{水产}$——水产养殖污染物排放量，t/a;

i——养殖种类；

a——养殖类 i 的单位产量的排污当量系数，g/kg；

m——养殖种类 i 的产量，t。

根据国务院第二次全国污染源普查领导小组对盘锦市水产养殖情况的统计，水产养殖数量及种类如表 4-17 所示。盘锦市主要养殖鲤鱼、鲫鱼、鲢鱼、草鱼、南美白对虾（淡）、中国对虾、河蟹等，大部分均为池塘淡水养殖。

表 4-17　盘锦市水产养殖数量及种类

位置	养殖方式	品种	产量/(t/a)	投苗量/(t/a)
大洼区	池塘养殖	鲤鱼	40330	4000
		鲫鱼	2016	198
		鲢鱼	2500	195
		草鱼	1000	93
		南美白对虾（淡）	2500	4
		中国对虾	125	2.1
盘山县	池塘养殖	河蟹	218	44
		鲢鱼	5266	1260
	围栏养殖	河蟹	470	94
		鲢鱼	1880	470
	其他养殖	河蟹	13750	250
双台子区	池塘养殖	泥鳅	100	2
		鲫鱼	250	5
		鲢鱼	400	20
	其他养殖	河蟹	150	40
兴隆台区	池塘养殖	河蟹	57	5.4
		鲫鱼	503	12
		南美白对虾（淡）	35	0.04
	其他养殖	河蟹	1967.64	116.98

由于中国对虾在海水中养殖，并不在研究范围内，因此在进行总氮排放量核算时不包含这一部分。查阅《全国第一次污染源普查水产养殖业污染源产排污系数手册》，确定总氮的产排污系数如表 4-18 所示。

表 4-18　水产养殖总氮的产排污系数

养殖方式	品种	产污系数/(g/kg)	排污系数/(g/kg)
池塘养殖	鲤鱼	4.222	3.767
	鲫鱼	4.568	3.025
	鲢鱼	3.57	2.143
	草鱼	0.766	0.643
	南美白对虾（淡）	1.311	1.235
	河蟹	2.679	1.37
	泥鳅	8.216	21.006
围栏养殖	河蟹	37.879	37.879
	鲢鱼	26.611	26.611
其他养殖	河蟹	18.7374	18.7374

④ 农田径流。农田径流的总氮排放量按式（4-6）计算：

$$P_{农田} = F_s Q \times 1500 \times 10^{-3} \qquad (4\text{-}6)$$

式中　$P_{农田}$——农田径流污染物排放量，t/a；

　　　　F_s——作物面积，km²；

　　　　Q——单位面积总氮的流失量，kg/亩。

依据《2017 年盘锦市统计年鉴》，得到各区县耕地、园地的面积如表 4-19 所示。其中，耕地面积包括水田、旱田和水浇地，种植的作物包括水稻、玉米、大豆等。

表 4-19　各区县耕地、园地的面积　　　　单位：km²

指标	双台子区	兴隆台区	大洼区	盘山县
耕地	8.0	66.0	710.0	790.2
园地	0	0.2	1.5	0.7

查阅《第一次全国污染源普查农业污染源肥料流失系数手册》，得到不同分区、不同土地利用方式的单位面积总氮的流失量如表 4-20 所示。耕地中作物的种植及园地中果树的种植都需要施加化肥，因此选用常规施肥区的总氮流失量进行计算，耕地的总氮流失量取表 4-20 中前四个种植作物的常规施肥区总氮流失量的均值进行计算。由此确定耕地的总氮流失量为 0.2385kg/亩，园地的总氮流失量为 0.098kg/亩。

表 4-20　单位面积总氮的流失量

所属分区	土地利用方式	种植作物	总氮流失量/(kg/亩)	
			常规施肥区	不施肥区
东北半湿润平原区	水田	单季稻	0.257	0.215
东北半湿润平原区	旱地	春玉米	0.188	0.158
东北半湿润平原区	旱地	大田一熟	0.021	0.008
东北半湿润平原区	旱地	露地蔬菜	0.488	0.303
东北半湿润平原区	旱地	园地	0.098	0.035

⑤ 城市径流。城市径流的总氮排放量按式（4-7）计算：

$$L = (m_R \Psi_R S_R + m_{RF} \Psi_{RF} S_{RF}) H \times 10^{-5} \qquad (4\text{-}7)$$

式中　L——盘锦市雨水径流年负荷排放量，t/a；

m_R、m_{RF}——道路、屋面雨水径流的污染物负荷，g/m³；

Ψ_R、Ψ_{RF}——道路、屋面雨水径流的径流系数；

S_R、S_{RF}——盘锦市 2017 年道路、屋面面积，hm²；

　　　　H——盘锦市年均降雨量，mm/a。

由《2017 年盘锦市统计年鉴》可知，盘锦市土地资源合计 4102.9km²，其中双台子区 54.2km²、兴隆台区 196.4km²、大洼区

1816.1km²、盘山县 2036.2km²。城市道路面积为 1329hm²、屋面面积为 4066hm²。

借鉴田少白"北方城市雨水径流污染特征"的成果，确定城市雨水径流中总氮负荷，如表 4-21 所示。

表 4-21　城市雨水径流中总氮负荷

指标	路面径流	屋面径流
总氮负荷/(g/m³)	11.39	8.15

由《2017 年盘锦市统计年鉴》可知，盘锦市年均降雨量为 452.3mm。2017 年盘山站逐月降雨量如图 4-20 所示。其中 7 月、8 月份降雨量最大，分别为 127.8mm、137.4mm，4 月、12 月降雨量最少，分别为 0、0.5mm。

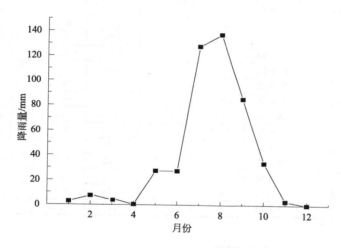

图 4-20　2017 年盘锦市盘山站逐月降雨量

盘锦市市内几乎均为混凝土和沥青路面，不同类型的屋面、地面的径流系数如表 4-22 所示。由表 4-22 可知，路面径流系数取 0.9，屋面径流系数取 0.9。

表 4-22　不同类型的屋面、地面的径流系数

指标	屋面	混凝土和沥青路面	块石路面	级配碎石路面	干砖及碎石路面	非铺砌路面	公园绿地
径流系数	0.9～1	0.9	0.6	0.45	0.4	0.3	0.15

（2）入河系数确定

按照"2003 年国家生态环境部地表水环境容量核定技术规范"和《全国地表水环境容量核定工作常见问题辨析（一）》中的建议，畜禽养殖、农村生活污水的入河系数取 0.2，农田径流、城市径流入河系数取 0.1。

　　水产养殖场一般建在河边或离河不远的池塘，养殖废水通过排水管道排入河中或随河水直接流走。通过查阅相关资料，水产养殖系数一般为0.8～1。考虑到池塘养殖废水在管道输送过程中污染物的量有部分损失、水产养殖废水内部污染物降解等情况，综合确定水产养殖的入河系数为0.8。

　　（3）总氮入河量

　　根据对农村生活污水、畜禽养殖、水产养殖、农田径流、城市径流的总氮排放量进行核算，结合选取的入河系数，得到面源污染的总氮入河量，如表4-23所示。

表 4-23　面源污染的总氮入河量　　　　　　　　单位：t

各支流区域	水期	太平河	一统河	小柳河	螃蟹沟	清水河	绕阳河
农村生活污水区域	丰水期	2.98	1.21	1.2	4.11	7.8	10.49
	平水期	2.98	1.21	1.2	4.11	7.8	10.49
	枯水期	2.98	1.21	1.2	4.11	7.8	10.49
畜禽养殖区域	丰水期	1.28	1.9	0.28	1.8	12.71	4.27
	平水期	1.28	1.9	0.28	1.8	12.71	4.27
	枯水期	1.28	1.9	0.28	1.8	12.71	4.27
水产养殖区域	丰水期	18.03	4.48	3.34	14.09	25.33	62.14
	平水期	18.03	4.48	3.34	14.09	25.33	62.14
	枯水期	18.03	4.48	3.34	14.09	25.33	62.14
农田径流区域	丰水期	3.36	0.65	0.62	2.52	8.9	11.67
	平水期	0.57	0.11	0.11	0.43	1.52	1.99
	枯水期	0.09	0.02	0.02	0.07	0.24	0.32
城市径流区域	丰水期	1.17	0.35	0.22	0.95	3.05	4.03
	平水期	0.2	0.06	0.04	0.16	0.52	0.69
	枯水期	0.03	0.01	0.01	0.03	0.08	0.11

4.2.5　各污染源贡献率分析

　　从点源污染中各污染源占比角度进行分析，并绘制得到点源污染中各污染源占比图，如图4-21所示。

　　由图4-21可知，城镇生活污水总氮入河量较大，约为1038.3t/a，占点源总入河量的78.5%。工业源总氮入河量占总入河量的21.5%，其总氮入河量为284.1t/a，因此城镇生活污水是点源污染的主要形式。

　　从面源污染中各个污染源占比角度进行分析，并绘制得到面源污染中各污染源占比图，如图4-22所示。

　　从图4-22可以看出，水产养殖的总氮入河量约为382.3t/a，占面源总入河量的66.2%；农村生活污水的总氮入河量约为83.4t/a，占面源总入河量的14.4%；畜禽养殖的总氮入河量约为66.8t/a，占面源总氮入河量的11.6%；农田径流的总氮入河量约为33.2t/a，占面源总氮入河量的5.8%；城市径流的总氮入河量最少，仅为11.7t/a，约占面源总氮

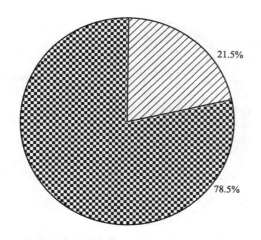

图 4-21　点源污染中各污染源占比

▨ 工业源总氮入河量；▨ 城镇生活污水总氮入河量

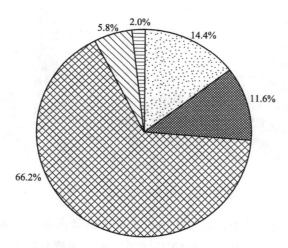

图 4-22　面源污染中各污染源占比情况

▨ 农村生活污水总氮入河量；▨ 农田径流总氮入河量；▨ 畜禽养殖总氮入河量；
▨ 城市径流总氮入河量；▨ 水产养殖总氮入河量

入河量的 2.0%。

从点源、面源总氮入河量的贡献率角度进行分析，并绘制得到点源、面源总氮入河量的贡献率占比图，如图 4-23 所示。

由图 4-23 可知，点源总氮的入河量为 1322.4t/a，约占总入河量的 69.6%；面源总氮入河量为 577.3t/a，约占总入河量的 30.4%。盘锦市的总氮污染以点源污染为主。

从各污染源总氮入河量角度进行分析，并绘制得到各污染源总氮入河量图，如图 4-24 所示。

从图 4-24 可以看出，城镇生活污水、水产养殖废水、工业源的总氮

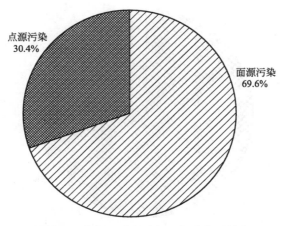

图 4-23　点源、面源总氮入河量的贡献率

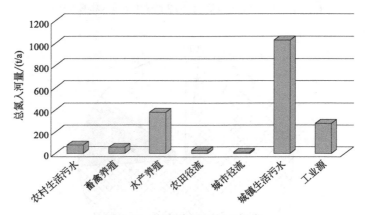

图 4-24　各污染源总氮入河量

排放量较大。其中，城镇生活源总氮入河量占总入河量的 54.7％，工业源总氮入河量占总入河量的 15.0％，水产养殖总氮入河量占总入河量的 20.1％，畜禽养殖总氮入河量占总入河量的 3.5％，农村生活污水总氮入河量约占总入河量的 4.4％，城市径流总氮入河量占总入河量的 0.6％，农田径流总氮入河量占总入河量的 1.7％。

4.2.6　各支流流域贡献率分析

从各支流流域在点源污染中的总氮贡献率角度进行分析，并绘制得到点源污染中的总氮贡献率占比图，如图 4-25 所示。

由图 4-25 可知，螃蟹沟总氮入河量最大，约为 661.24t/a，占点源污染的 50.0％，该支流流域内不仅人口众多，而且工业企业的总氮排放量也最大；一统河总氮入河量占点源污染的 27.3％，总氮入河量为 360.36t/a；清水河总氮入河量约为 126.34t/a，占点源污染的 9.6％；太

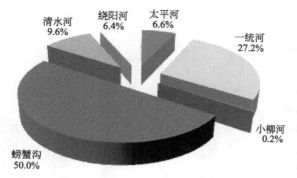

图 4-25　各支流流域在点源污染中的总氮贡献率

平河总氮入河量约为 87.14t/a，占点源污染的 6.6%；绕阳河总氮入河量约为 84.31t/a，占点源污染的 6.4%；小柳河总氮入河量约为 3.0t/a，占点源污染的 0.2%，该区域内人口数最少，而且工业源总氮排放量为零，因此总氮入河量最小。

从各支流流域在面源污染中的总氮贡献率角度进行分析，并绘制得到面源污染中的总氮贡献率占比图，如图 4-26 所示。

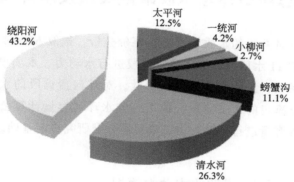

图 4-26　各支流流域在面源污染中的总氮贡献率

从图 4-26 可以看出，绕阳河总氮入河量最多，约为 249.5t/a，占面源污染的 43.2%，该支流流域内农村人口数最多，而且水产养殖面积较大，养殖废水中总氮排放量较多；清水河总氮入河量约为 151.9t/a，占面源污染的 26.3%；螃蟹沟和太平河的总氮入河量相近，太平河面源总氮入河量为 72.3t/a，螃蟹沟面源总氮入河量为 64.2t/a；一统河和小柳河总氮入河量较少，这两个支流流域总氮入河量在面源污染中的占比不到 10%，总入河量约为 39.4t/a。

从各支流流域总氮入河量贡献率（点源污染与面源污染的总和）角度进行分析，并绘制得到总氮入河量贡献率图，如图 4-27 所示。

由图 4-27 可得，螃蟹沟总氮入河量最多，约为 725.4t/a，占总入河量的 38.2%；一统河总氮入河量约为 384.3t/a，占总入河量的 20.2%；绕阳河总氮入河量约占总入河量的 17.6%；清水河总氮入河量约占总入

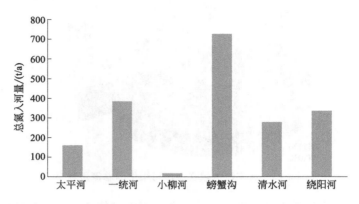

图 4-27　各支流流域总氮入河量贡献率

河量的 14.6%；太平河总氮入河量约占总入河量的 8.4%；小柳河总氮入河量仅为 18.5t/a，约占总入河量的 1.0%。

4.3　河口区总氮负荷与水质响应关系及水环境容量研究

通过对常用的水质模型进行评价分析，选取 MIKE 11 水质模型；基于 MIKE 11 水质模型对辽河盘锦段进行水动力、水质模拟，同时率定总氮衰减系数、扩散系数等水质参数。对辽河盘锦段的水环境容量进行研究，基于率定的水质参数，选用一维水环境容量计算公式对辽河盘锦段的水环境容量进行计算，为总氮总量分配研究奠定基础。

4.3.1　基于 MIKE 11 模型的水动力模拟

水动力模型是水质模拟的基础，水动力的模拟情况直接影响水质模拟的结果。构建合理的水动力模型，对河床糙度进行率定，模拟河流污染物在流动过程中的浓度变化。MIKE 11 HD 模型需要研究区的河网信息、河流的断面形状、模型边界处的水动力参数及研究区的实测流量等资料，通过建立河网文件、断面文件、边界条件、参数文件和时间序列文件，完成辽河盘锦段的水动力模拟。

（1）河网文件的建立

根据已掌握的辽河盘锦段水文、水质资料，确定研究范围为辽河盘锦段的兴安断面至赵圈河断面。依据辽河盘锦段水系图、河道实际情况及 Google Earth 卫星地图，确定模拟河段的位置、长度、汇入点等信息。通过河网文件编辑器 "Tabular View" 定义河段名称、实际长度等信息。

研究区水系发达，支流众多，为了便于分析，对研究区的河网进行概化处理，重点分析主要河道，对于水量较小、对河网影响较小的河段不予以考虑。

模拟河段的河长为 64.96km，共包含水位计算点 15 个，流量计算点 14 个。辽河盘锦段水系主要包括干流部分和 6 条一级支流。为了简化 MIKE 11 模拟过程，建立模型时，6 条一级支流以点源的形式汇入辽河干流，将各支流流域的污染物排放口均概化至该支流汇入辽河干流的节点处，共包含 182 个概化点。

（2）断面文件的建立

断面文件是存储河流断面起始距 x 和河床高程 z 的文件，通过断面文件编辑器输入 x-z 数据。根据文件编辑器右侧的图像视窗可以看到河段中各个断面的形状，更加直观地判断输入的数据是否有误。将辽河盘锦段河道的起止点、支流汇入点设置为节点，概化后的断面包括河流首尾断面、6 条一级支流汇入处断面及中间的内插断面，共计 14 个。模拟河段的断面数据参考《基于 MIKE 软件建立辽河流域水质模型的研究》。根据"辽河干流中下游河道特性及冲刷深度分析"的研究成果，辽河中下游比降小于 0.3%；根据"黄河与辽河河道整治对比分析"的研究成果，盘山河闸至河口这一河段的河床比降较缓，约为 0.04% 左右。由此确定兴安断面至小柳河汇入处的河床坡度为 0.3%，小柳河汇入处至赵圈河断面的河床坡度为 0.04%。为保证模型的正常运行，内插断面设置为梯形。

（3）边界文件的建立

为保证模拟的准确性，需要同时对模型的外部边界和内部边界进行设置。模型的外部边界需要在模拟河段端点处设定水文信息，并遵循 MIKE 11 软件的要求，在辽河盘锦段的上游兴安断面设置时间-流量边界，在下游赵圈河断面设置时间-水位边界，在整体流动过程中保持水量平衡；模型的内部边界需要对模拟河段中支流汇入、水量流出等进行设置。根据边界值是否随时间变化，水文信息的设定方式分为恒定值和时间序列文件。

本研究模拟河段的内、外边界的水量信息均来源于实地调查结果，内部边界条件包括小柳河、一统河、螃蟹沟等 6 条支流的汇入及西绕引水总干渠和双绕总干渠的出流，河流的水量均以点源形式流入或流出。

（4）参数文件的建立

参数文件需要对模拟河段的初始流量、水深及河道糙度等参数进行设定。在参数文件"Initial"中设置辽河盘锦段的初始流量和水深，在"Bed Resist"中设置河道糙度。

河道糙度是反映河流阻力的一个综合性无量纲数，也是衡量河流能量损失大小的特征量，一般用 n 表示。天然河道糙度的影响因素很多，如河床组成、岸壁特征、植被状况、河段的平面特征及水流情况等。模拟河段的河道糙度需按照河道的实际情况进行确定，同时应根据模拟结果进行调试，最终确定出模拟河道的糙度值。查阅相关资料，得到不同河床特性下的河道糙度值如表 4-24 所示。

表 4-24　河道糙度值

序号	河床特性	河道糙度 n
1	顺直、清洁、水流通畅的河道	0.025
2	一般河道（具有少量石块或杂草）	0.035
3	不规则、弯曲的河道，石块或水草较多	0.04
4	淤塞、有杂草、灌木或不平整河滩的河道	0.067
5	杂草丛生，水流翻腾	0.087
6	多树、宽广河滩，具有较大面积死水区或沼泽型河流	0.14

结合实地考察结果及表 4-24 的河床特性，对辽河盘锦段各河段的河道糙度进行率定。查阅大量文献资料，河道糙度值通常从 $n = 0.03$ 开始率定。

（5）模拟文件的建立

在模拟文件界面的"Models"中勾选"Hydrodynamic"，在"Input"中导入建立的河网文件、断面文件、边界文件和参数文件，采用水动力热启动选项，并在"Simulation"中设置时间步长及模拟的起止时间段，对时间步长反复进行调试直至满足克朗普数小于 10。因为 1～3 月、12 月部分断面无法采样，因此本研究只对丰水期、平水期进行模型构建，水动力模块和对流扩散模块的模拟时间为 2019 年 4 月 1 日～11 月 30 日，设置完成后开始运行。

4.3.2　水动力模块参数率定及模型验证

为提高模型的模拟精度，对各河段的河道糙度进行率定。水动力模型参数的率定采用先经验取值后模型率定的方法，通过查阅文献资料，确定河道糙度的大致范围；再根据流量模拟值与实际监测值的拟合情况，对河道糙度进行调试，最终率定的辽河盘锦段糙度值为 0.03～0.067。利用 MIKE View 提取模拟运算结果，兴安断面、曙光大桥断面和赵圈河断面的流量模拟值与实测值的拟合程度如图 4-28 所示。

从图 4-28 可以看出，整体上水动力模型的流量拟合情况较好。曙光大桥断面的水动力模拟结果与实测结果有一定误差，这主要是由于太平河等支流的入流量由河闸控制，河闸的开启时间及开启频次不固定，且没有相关的记录资料，因此支流的入河量存在一定的误差。

　　为了对模型适用性进行分析，本研究选用平均相对误差、相关性系数 R^2 及纳什系数三个指标进行检验。

　　相对误差、相关性系数 R^2 及纳什系数的计算公式见式(4-8)～式(4-10)。

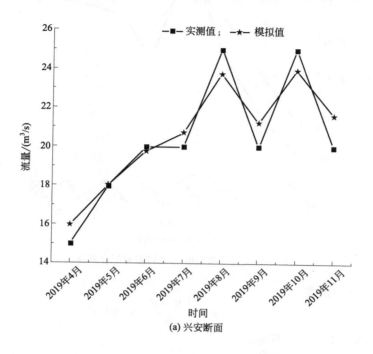

(a) 兴安断面

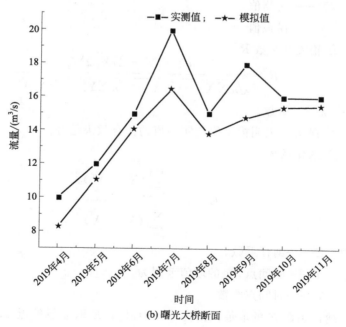

(b) 曙光大桥断面

图 4-28

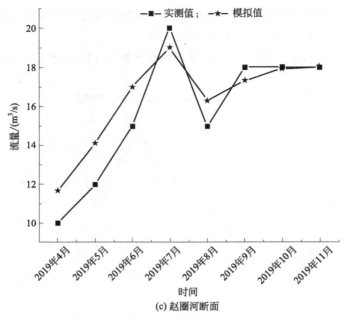

图 4-28　流量模拟值与实测值的拟合程度

① 相对误差

$$R = \frac{|X - Y|}{X} \times 100\% \qquad (4\text{-}8)$$

式中　R——相对误差；

　　　X——实测值；

　　　Y——模拟值。

② 相关性系数 R^2

$$R^2 = \frac{n \sum X_i Y_i - \sum X_i \sum Y_i}{\sqrt{n \sum X_i^2 - (\sum X_i)^2} \sqrt{n \sum Y_i^2 - (\sum Y_i)^2}} \qquad (4\text{-}9)$$

式中　n——组数。

R^2 越大，表明模拟值与实测值的拟合效果越好。

③ 纳什系数

$$E = 1 - \frac{\sum\limits_{t=1}^{T} (X^t - Y^t)^2}{\sum\limits_{t=1}^{T} (X^t - \overline{X})^2} \qquad (4\text{-}10)$$

式中　E——纳什系数；

　　　t——时间点，t 的取值范围为 $[1,8]$；

　　　T——时间点个数。

纳什系数 E 的取值范围为 $[-\infty, 1]$，E 取值越接近 1，模型的可信度越高。一般认为，相对误差 $\leqslant 20\%$、$R^2 \geqslant 0.6$、纳什系数 $\geqslant 0.5$ 均能表明模型的模拟结果是合理的。研究选取兴安断面、曙光大桥断面、赵圈河断面作为模型的验证断面，将总氮模拟值与实测值进行对比分析，模型适用性的分析结果见表 4-25、表 4-26。

表 4-25 HD 模型率定误差统计表

时间	兴安断面			曙光大桥断面			赵圈河断面		
	实测值 /(mg/L)	模拟值 /(mg/L)	相对误差 /%	实测值 /(mg/L)	模拟值 /(mg/L)	相对误差 /%	实测值 /(mg/L)	模拟值 /(mg/L)	相对误差 /%
2019 年 4 月	15	15.99	6.6	10	8.3	17	10	11.67	16.7
2019 年 5 月	18	18.05	0.3	12	11.1	7.5	12	14.12	17.7
2019 年 6 月	20	19.77	1.15	15	14.1	6	15	17	13.3
2019 年 7 月	20	20.71	3.55	20	16.5	17.5	20	19	5
2019 年 8 月	25	23.75	5	15	13.8	8	15	16.29	8.6
2019 年 9 月	20	21.23	6.15	18	14.8	17.8	18	17.33	3.7
2019 年 10 月	25	23.96	4.16	16	15.4	3.75	18	17.94	0.3
2019 年 11 月	20	21.63	8.15	16	15.5	3.125	18	18.02	0.1

表 4-26 监测断面的平均相对误差、R^2、纳什系数

监测断面	平均相对误差/%	R^2	纳什系数
兴安断面	4.3825	0.9223	0.893
曙光大桥断面	10.084	0.8684	0.582
赵圈河断面	8.175	0.9363	0.823

从表 4-25、表 4-26 可以看出，各监测断面流量的模拟值与实测值的平均相对误差控制在 15% 以内、纳什系数均大于 0.5、R^2 均大于 0.8，模型误差均在允许范围内，表明河道糙度的率定结果能较好地描述辽河下游的水力特性，建立的水动力模型基本合理。

4.4 基于 MIKE 11 模型的水质模拟

4.4.1 水质模型原理

MIKE 11 水质模型以对流扩散模块为基础，研究水环境中污染物的迁移转化规律，模拟在水流运动和污染物浓度梯度存在的条件下，物质传输过程中水环境污染物溶解或悬浮物在时间和空间上的分布特征。

MIKE 11 运用一维对流扩散方程描述物质在水体中的变化，该方程考虑水环境中污染物的对流扩散过程及污染物的消解。

$$\frac{\partial AC}{\partial t}+u\frac{\partial QC}{\partial x}-\frac{\partial}{\partial x}\left(AD\frac{\partial C}{\partial x}\right)=-AkC+C_2q \tag{4-11}$$

式中　A——河道横断面面积，m^2；

　　　C——物质浓度，mg/L；

　　　t——时间，s；

　　　Q——河道干流流量，m^3/s；

　　　x——距离，m；

D——河道纵向扩散系数，m^2/s；

k——污染物降解系数，d^{-1}；

C_2——污染物源/汇浓度，mg/L；

u——水流速度，m/s；

q——河道旁侧入流量，m^3/s。

一维对流扩散方程可反映出物质随河流运动及物质浓差扩散的机理。运用对流扩散方程时应基于以下假设。

① 污染物在河道断面上的浓度分布均匀，点源入河后立即混合均匀。

② 污染物遵循线性衰减规律。

③ 符合菲克定律。

对流扩散模块采用三阶精度有限差分法、QUICKEST-SHARP 或 ULTIMATE-QUICKEST 求解，广泛应用于发电厂冷却水循环、有毒有机化合物及重金属等污染物的衰减研究。

4.4.2 水动力模块构建

在进行对流扩散模块构建时，以各支流汇入处为内部边界，各支流流域的污染物均以点源形式汇入辽河干流中。各支流节点在丰水期和平水期的总氮汇入量如表 4-27 所示。

表 4-27　各支流节点在丰水期和平水期的总氮汇入量

各支流流域	总氮汇入量/t	
	丰水期	平水期
小柳河	2.802122339	2.872364114
一统河	34.56962348	38.50802021
螃蟹沟	99.84432021	111.1474456
太平河	29.79406752	32.02085803
绕阳河	59.35513477	61.59002195
清水河	58.36431223	61.72501503

基于水动力模块建立对流扩散模块，通过设定各河段的总氮衰减系数，模拟河流总氮降解过程，构建模拟河段水动力-水质耦合模型。对流扩散模块包括 AD 参数文件和水质边界文件这两部分。

（1）AD 参数文件

AD 参数文件中需要对模拟河段的水质组分、纵向扩散系数、水质组分的初始浓度和降解系数进行设定。

纵向扩散系数 D 是水质模型主要率定的参数之一，反映了污染物在河流中的纵向混合特性，对水质模型的构建、污染物转化能力的分析等至关重要。纵向扩散系数的确定方法有示踪法、公式法和经验取值法。

① 示踪法。示踪法通过对天然河流进行示踪试验得到实测数据，进

而计算出纵向扩散系数。但试验的成本较大，实际操作过程难度较大。

②公式法

$$D = au^b \qquad (4\text{-}12)$$

式中　a、b——系数；

　　　u——流速。

根据式(4-12)估算模拟河段的纵向扩散系数，再依据各断面的实测值进行率定调整。

③经验取值法。通过查阅文献资料，得到小溪的纵向扩散系数取值范围为 $1\sim 5\mathrm{m^2/s}$，河流的纵向扩散系数取值范围为 $5\sim 20\mathrm{m^2/s}$。国内部分河流的纵向扩散系数取值如表 4-28 所示。

表 4-28　国内部分河流的纵向扩散系数取值

河流/流域	纵向扩散系数/(m²/s)
浑河流域沈阳段	5、10
秦皇岛入海河流	10～100
台州市区的河网	10
天津市河流	0.583
淮河流域沙颍河	0.5

按照经验取值法确定纵向扩散系数的取值，同时参考表 4-28 国内其他河流的取值，拟定纵向扩散系数的初始值为 $10\mathrm{m^2/s}$。

初始浓度是指模拟开始前水质指标的浓度值，本研究的模拟时间为 2019 年 4 月 1 日～11 月 30 日。模型输入的断面初始浓度为 2019 年 4 月兴安断面、曙光大桥断面、赵圈河断面的水质监测值如表 4-29 所示。

表 4-29　初始浓度取值

监测断面	总氮初始浓度/(mg/L)
兴安断面	5.84
曙光大桥断面	8.14
赵圈河断面	5.53

降解系数反映了河流运输过程中污染物在物理、化学、生物作用下的降解速度，是河流水体污染变化、水环境容量计算的主要参数。不同水体中，降解系数不同；同一水体、不同河段的降解系数也不同。

影响降解系数大小的因素有很多，如温度、水流的流速、污染物浓度等。河流水温越高，污染物降解速率越快，降解系数越大；河流流速越快，流量越大，携带的泥沙含量越多，污染物的降解系数越大；河流中污染物的浓度越高，水中物理、化学、生物作用越强，降解系数越大。降解系数的确定方法有类比法、水团追踪试验法、实测资料反推法等。

①类比法。通过查阅文献资料得到其他流域总氮降解系数的取值范围如表 4-30 所示。并借鉴与研究区水文条件、水力特性、污染状况及地理、气象条件相似区域的资料。

表 4-30　总氮降解系数参考值

研究区域	总氮降解系数/d^{-1}
太湖流域上游平原河网	0.0137~0.3046
太湖流域上游河网	0.0080~0.7870
太湖西部平原河网	0.0538~0.1303
河北省宁晋县内汪洋沟河段	0.34

② 水团追踪试验法。在研究河段的某排污口测定污水流量、流速、总氮浓度、水温等，并在河流下游无支流及污染源汇入处布设 M 个监测断面，对这 M 个监测断面进行取样，分析检测总氮浓度；计算流经各个监测断面的时间，并同步测定各监测断面的水深等水文要素。按式（4-13）计算总氮降解系数 k：

$$k = 86400u \left[\frac{M\sum_{m=1}^{M} d_m \ln C_m - (\sum_{m=1}^{M} d_m)(\sum_{m=1}^{M} \ln C_m)}{(\sum_{m=1}^{m} d_m)^2 - M\sum_{m=1}^{M} d_m^2} \right] \quad (4-13)$$

式中　u——河流平均流速，m/s；

　　　d_m——排污口距第 m 监测点的距离，m；

　　　C_m——第 m 监测点的总氮浓度，mg/L。

③ 实测资料反推法。选取河道顺直、没有排污口和支流汇入口的河段，确定该河段上、下断面的总氮浓度、河段平均流速，并利用合适的水质模型计算污染物的降解系数。

考虑到盘锦市水环境的基础研究工作薄弱，研究模型中总氮综合降解系数的取值参考其他地区相关研究成果，按照类比法确定取值，并依据实测水质资料对模型进行校核验证。结合辽河盘锦段的实际情况，本研究拟定总氮降解系数的初始值为 $0.012d^{-1}$。

（2）水质边界文件

水质边界文件基于水动力边界文件构建，根据各监测断面实测的水质数据，设定模型的内、外水质边界条件。6 条支流均以点源的形式汇入干流，小柳河、一统河、螃蟹沟、太平河、绕阳河、清水河分别采用闸北桥、中华路桥、太平河入干口、于岗子、万金滩、清水河闸断面的水质监测数据。水质边界的设置界面如图 4-29 所示。

（3）AD 模块的模拟运行

在水动力模型模拟文件的基础上，勾选"Advention-Dispersion"，采用热启动项，并导入 AD 参数文件和水质边界文件。综合考虑对流扩散模型解的准确性与稳定性，模拟过程中设定的运算时间步长为 1min。模拟运算结果以天为单位进行保存。

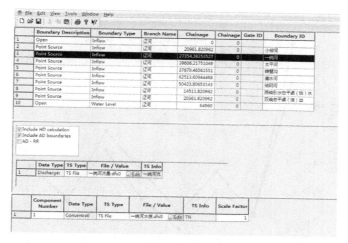

图 4-29 水质边界的设置界面

4.4.3 水质模块参数率定及模型验证

根据模拟值与实测值的拟合程度，对水质模型的纵向扩散系数 D 和降解系数 k 进行率定。利用 MIKE View 提取模拟运算结果，兴安断面、曙光大桥断面和赵圈河断面的模拟值与实测值的拟合程度如图 4-30 所示。

由图 4-30 可知，对流扩散模型的水质模拟情况较好。利用平均相对误差、相关系数 R^2 及纳什效率系数对对流扩散模型的适用性进行分析，选取兴安断面、曙光大桥断面、赵圈河断面作为模型的验证断面。各断面总氮模拟值与实测值的分析结果分别如表 4-31、表 4-32 所示。

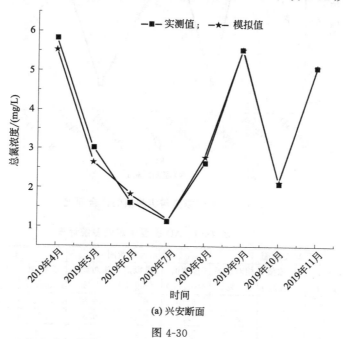

(a) 兴安断面

图 4-30

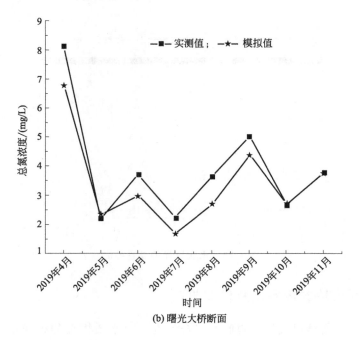

(b) 曙光大桥断面

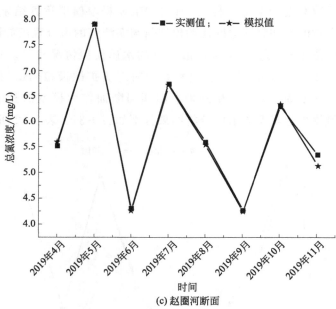

(c) 赵圈河断面

图 4-30　水质模拟值与实测值的拟合程度

表 4-30　AD 模型率定误差统计表

时间	兴安断面			曙光大桥断面			赵圈河断面		
	实测值/(mg/L)	模拟值/(mg/L)	相对误差/%	实测值/(mg/L)	模拟值/(mg/L)	相对误差/%	实测值/(mg/L)	模拟值/(mg/L)	相对误差/%
2019 年 4 月	5.84	5.55	4.97	8.14	6.77	16.83	5.53	5.59	1.08
2019 年 5 月	3.04	2.67	12.17	2.21	2.36	6.8	7.91	7.9	0.13
2019 年 6 月	1.64	1.84	12.2	3.73	3	19.57	4.3	4.26	0.93

续表

时间	兴安断面			曙光大桥断面			赵圈河断面		
	实测值/(mg/L)	模拟值/(mg/L)	相对误差/%	实测值/(mg/L)	模拟值/(mg/L)	相对误差/%	实测值/(mg/L)	模拟值/(mg/L)	相对误差/%
2019 年 7 月	1.15	1.17	1.74	2.24	1.68	25.11	6.74	6.7	0.59
2019 年 8 月	2.66	2.77	4.14	3.67	2.71	26.16	5.6	5.55	0.89
2019 年 9 月	5.54	5.538	0.04	5.02	4.39	12.55	4.27	4.25	0.47
2019 年 10 月	2.13	2.15	0.94	2.7	2.69	0.37	6.31	6.34	0.48
2019 年 11 月	5.1	5.08	0.4	3.78	3.76	0.53	5.35	5.14	3.93

表 4-32　监测断面的平均相对误差、R^2、纳什效率系数

监测断面	平均相对误差/%	R^2	纳什效率系数
兴安断面	4.575	0.9905	0.9885
曙光大桥断面	13.49	0.9515	0.8458
赵圈河断面	1.06	0.996	0.9948

由表 4-31、表 4-32 可知，模型误差均在允许范围内，表明参数的率定结果基本能较好地描述辽河下游的水力特性，建立的水动力-水质耦合模型能较好地描述模拟河段的时空变化及污染物的迁移转化过程，模型参数的选取基本合理。最终确定模拟河段的纵向扩散系数为 $10\text{m}^2/\text{s}$，总氮降解系数为 $0.00012\sim0.3984\text{d}^{-1}$。

从整体上看，模拟值与实测值拟合效果较好，模型基本能描述辽河盘锦段的水质变化情况，可用于后续水环境容量计算的研究，但仍存在一定误差。主要原因可能是水质监测频次较低，每个月各支流的流量及水质指标值只监测一次，因此在模拟运行过程中可能会出现误差。

4.5　水环境容量研究

4.5.1　水环境容量计算模型

水环境容量是指在不危害水环境的前提下，水体所能容纳的污染物的量。水环境容量的大小与水质目标、污染物的排放形式、水质特征等因素有关。按照维数不同，水环境容量计算模型可分为零维模型、一维模型和二维模型。零维模型适用于污染物均匀混合的小型河流及河网；一维模型适用于河道宽深比不大、短时间内污染物能在横断面上均匀混合、$Q<150\text{m}^3/\text{s}$ 的中小型河流；二维模型适用于河流宽度较大、河流横向距离显著大于垂直距离、在横断面上污染物分布不均匀的河流。

若河段长度大于式（4-14）的计算结果，可以采用一维模型进行模拟：

$$L=\frac{(0.4D-0.6a)Du}{(0.058H+0.0065D)\sqrt{gHJ}} \tag{4-14}$$

式中　L——混合过程段长度；

　　　D——河流宽度；

　　　a——排放口距岸边的距离；

　　　u——河流断面平均流速；

　　　H——平均水深；

　　　g——重力加速度；

　　　J——河流坡度。

　　盘锦境内的辽河及小柳河、一统河等河流均属于宽深比不大的河流，在较短时间内，污染物基本上能在断面内均匀混合，污染物浓度在断面上横向变化不大；盘锦段辽河干流水量远小于 $150\mathrm{m}^3/\mathrm{s}$，符合一维河道的特点，且河段长度大于式（4-14）的计算结果，故采用一维水质模型模拟污染物沿河流纵向迁移过程。

　　水环境容量计算方法主要有解析公式法、模型试错法、系统最优化法、概率稀释模型法和未确知数学法。

　　（1）解析公式法

　　解析公式法是中国最初的水环境容量计算方法之一，同时也是最基本的计算方法。公式法计算简单，还可以与水动力-水质模型耦合，借助模型率定公式中的水质参数，使计算结果与实际情况更相符。但污染物类型、工况不同，采用的水环境容量计算公式也应不同。目前，公式法仍是应用最广泛的方法。

　　（2）模型试错法

　　模型试错法的整体思路：在河段的初始断面投加大量污染物，达到该河段的水质浓度上限值，投加的污染物的量为第一段的水环境容量；随着河流流动，污染物质逐步降解，浓度降低。当水质浓度达到某一限值时，再次投加污染物，投加的量为第二段水环境容量。各河段的水环境容量相加即为这条河的水环境容量。

　　模型试错法需要进行多次试算，计算效率较低，一般用于单一河道的计算。随着计算机的不断发展，也可应用于复杂的河网。与其他计算方法相比，模型试错法应用较少。

　　（3）系统最优化法

　　水环境容量计算中采用的系统最优化法主要为线性规划法和随机规划法。通过构造各河段污染物排放量与水质目标浓度的动态响应关系，建立目标函数与约束条件，求解计算各河段的水环境容量。系统最优化法的适用范围广，计算精度高，但计算过程较为复杂，在优化时容易忽略公平、效率等问题。

　　（4）概率稀释模型法

　　概率稀释模型法运用随机理论对河流下游控制断面不同达标率条件

下的环境容量进行计算，但这种方法未考虑水体的自净作用。

（5）未确知数学法

未确知数学法将污染物浓度、降解系数等参数定义为未确知参数，结合水环境容量模型，构建水环境容量计算未确知模型，再计算水环境容量的可能值及其可信度，进而求得水环境容量。

未确知数学法是近几年发展起来的水环境容量计算方法，研究时间相对较短，应用相对较少。

基于对以上各类水环境容量计算方法的优缺点及其适用条件的分析，本研究采用解析公式法进行水环境容量的计算。污染物浓度按式(4-15)计算，选用《水域纳污能力计算规程》（SL 348—2006）中的一维水环境容量计算公式[式(4-16)]，并对式(4-16)进行单位转换[式(4-17)]，同时基于研究中丰水期、平水期、枯水期的划分，得到各水期的水环境容量计算公式[式(4-18)]。

$$C_x = C_0 e^{-\frac{kx}{u}} \tag{4-15}$$

式中　C_x——流经 x 距离后污染物浓度，mg/L；

　　　　C_0——初始断面的污染物浓度，mg/L；

　　　　x——沿河段的纵向距离，m；

　　　　k——污染物降解系数，s^{-1}；

　　　　u——设计流量下河道断面的平均流速，m/s。

$$M = (C_s - C_x)(Q + Q_p) \tag{4-16}$$

式中　M——年水环境容量，g/s；

　　　　C_s——水质目标浓度值，mg/L；

　　　　Q——断面的初始流量，m^3/s；

　　　　Q_p——支流汇入量，m^3/s。

$$M = 31.536(C_s - C_0 e^{-\frac{kx}{u}})(Q + Q_p) \tag{4-17}$$

$$M = 0.0864(C_s - C_0 e^{-\frac{kx}{86400u}})(Q + Q_p)T \tag{4-18}$$

式中　T——天数，丰水期共 122d，平水期共 122d。

4.5.2　水质目标

根据水质断面考核标准，辽河盘锦段应达到地表水Ⅳ类水质标准，该考核目标下的总氮浓度为 1.5mg/L。《辽宁省人民政府关于印发〈辽宁省渤海综合治理攻坚战实施方案〉的通知》（辽政办〔2019〕15 号）中明确提出：2020 年底前完成覆盖所有污染源的排污许可证核发工作并实施辖区内总氮总量控制，辖区内国控入海河流总氮浓度在 2017 年的基础上，下降 10% 左右。

辽宁省监测站的资料表明，2017 年赵圈河断面的总氮浓度年均值为 3.5825mg/L；通过水质监测可知，2019 年赵圈河断面的总氮浓度年均值为 5.75mg/L。为满足辽政办〔2019〕15 号文件中的要求，2020 年赵圈河断面总氮浓度年均值应达到 3.22425mg/L；《辽宁省环境保护"十三五"规划》中明确提出，2020 年全省河流劣 V 类水体比例控制在 1.16% 以下。综合考虑以上文件及《水污染防治行动计划》等政策法规，确定辽河盘锦段的水质目标及污染物控制浓度如表 4-33 所示。

表 4-33　辽河盘锦段水质目标及污染物控制浓度

序号	起始断面	水质目标	总氮控制浓度/(mg/L)
1	小柳河汇入处	V	2
2	一统河汇入处	V	2
3	螃蟹沟汇入处	V	2
4	太平河汇入处	V	2
5	绕阳河汇入处	V	2
6	清水河汇入处	V	2
7	赵圈河断面	辽政办〔2019〕15 号文件要求	3.22425

4.5.3　设计水文条件

通过布设的监测点位，对 2019 年各河段逐月的流量及流速进行监测，得到辽河盘锦段各河段丰水期、平水期的流量及流速分别如见表 4-34、表 4-35 所示。

表 4-34　辽河盘锦段各河段丰水期、平水期的流量

序号	河段	丰水期流量/(m³/s)	平水期流量/(m³/s)
1	小柳河——一统河	12.375	8.625
2	一统河——螃蟹沟	13.375	9.625
3	螃蟹沟——太平河	14.375	10.5
4	太平河——绕阳河	14.875	11.75
5	绕阳河——清水河	17	12.25
6	清水河——赵圈河断面	17.5	14.625

表 4-35　辽河盘锦段各河段丰水期、平水期的流速

序号	河段	丰水期流速/(m/s)	平水期流速/(m/s)
1	小柳河——一统河	0.0108	0.00488
2	一统河——螃蟹沟	0.0078	0.0045
3	螃蟹沟——太平河	0.008	0.0048
4	太平河——绕阳河	0.0075	0.0037
5	绕阳河——清水河	0.0045	0.00256
6	清水河——赵圈河断面	0.0025	0.00118

4.5.4　污染物环境本底值

污染物环境本底值是指各河段初始断面的污染物浓度，采用式(4-19)

对各河段的总氮环境本底值进行计算，计算结果如图 4-31 所示。

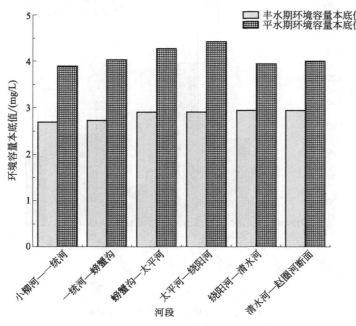

图 4-31　各河段各水期总氮本底值

$$C_0 = \frac{C_1 Q_1 + C_2 Q_2}{Q_1 + Q_2} \tag{4-19}$$

式中　C_0——总氮环境本底值，mg/L；

　　　C_1——上个河段的本底浓度，mg/L；

　　　C_2——汇入支流的浓度，mg/L；

　　　Q_1——上个河段的流量，m^3/s；

　　　Q_2——汇入支流的流量，m^3/s。

4.5.5　水环境容量计算

基于 MIKE 11 水动力-水质模型的模拟结果确定各河段的总氮降解系数。将所需的水质参数代入一维水环境容量计算公式，得到各河段、各水期的理想水环境容量，计算结果如图 4-32 所示。

由图 4-32 可知，辽河盘锦段丰水期理想水环境容量为 528.70t/a，平水期理想水环境容量为 368.11t/a。各河段间丰水期和平水期的水环境容量值差别较大。螃蟹沟—太平河段水环境容量值最大，丰水期约为175.76t/a，平水期约为 130t/a；绕阳河—清水河段、一统河—螃蟹沟段水环境容量值相近；小柳河——一统河段水环境容量值最小，丰水期、平水期的水环境容量分别为 5.65t/a、4.14t/a。

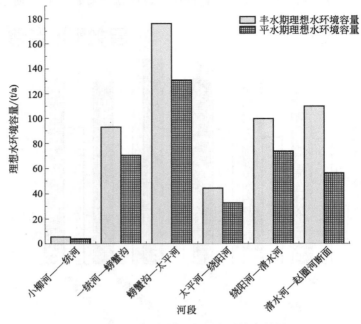

图 4-32　辽河盘锦段理想水环境容量图

　　从河段角度分析，不同河段理想水环境容量值不同。其中，螃蟹沟—太平河段的水环境容量最大，约占辽河盘锦段总容量的 34.17%；小柳河——统河段的水环境容量最小，约占总容量的 1.09%。

　　从水期角度分析，不同水期的理想水环境容量值不同。辽河盘锦段丰水期理想水环境容量占总容量的 59.0%，总体呈现丰水期＞平水期的规律。其中清水河—赵圈河断面丰水期的水环境容量较大，主要因为该河段丰水期的环境本底值小于水质目标值，而且丰水期降雨量、河流流量较大；平水期较丰水期相比，降雨量、河流的流量、流速、降解系数较小，因此平水期的水环境容量整体小于丰水期。

　　从理想水环境容量与污染物入河量的角度分析，理想水环境容量与总氮入河量对比如图 4-33 所示。

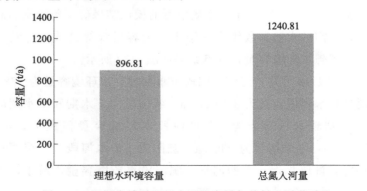

图 4-33　辽河盘锦段理想水环境容量与总氮入河量对比

辽河盘锦段的丰水期、平水期的水环境容量之和为 896.81t/a，这期间的总氮入河量为 1240.81t/a。水环境容量远小于总氮入河量，这两个水期的总氮入河量超标 1.38 倍，无可用的剩余水环境容量。

4.6 基于公平与效率原则的总氮总量分配

4.6.1　总量分配方法分析

基尼系数法原是用于经济领域衡量国家或地区居民收入差距的指标，后来逐渐应用于各个领域，目前已成为评价污染物总量分配公平性的重要方法之一，广泛用于环境领域。而且通过基尼系数计算还能绘制得到洛伦兹曲线，在曲线中更能客观、直观地反映出分配方案的公平性程度。

信息熵法通过选取污染物排放量、水资源量、人口、GDP 等因素作为指标，根据计算得到的信息熵值的大小决定赋予权重的大小，进而对污染物排放量进行分配。信息熵法是一种客观赋权法，具有较高的可信度和准确度，但它不能对所选指标进行横向比较，而且各指标的权数依赖于样本，这使它在应用上具有一定限制。

按贡献率削减分配法以现状污染物排放比例为基础，将水环境容量按该比例分配至各区域。这种分配方法原理简单，便于操作，对水质程度影响较大的区域所承担的污染物削减量也较多，体现了各区域平等共享环境容量资源，在一定程度上体现了分配的公平性，目前在国内外污染物总量分配方面广泛应用。

数学规划法是基于效率原则的污染物总量分配方法，以经济最优为目标构造目标函数，建立数学模型，进而找到满足要求的最优解。但总量分配的数学模型的建立比较复杂，约束条件不足或改变均会对分配结果造成很大的变化。

层次分析法是将需要解决的问题分解成目标、准则、方案等多个层次，并在此基础上进行定量、定性分析的一种决策方法。这种分配方法层次清晰明确，系统性较强。但运算过程比较复杂，各指标权重的确定主观性过强，且当指标过多、数据统计量较大时，权重更加难以确定。

最小费用分配法也是基于效率原则的污染物总量分配方法，仅从经济角度出发，忽略了总量分配过程中其他因素的影响，如社会、劳动力资源等因素，容易出现"治污效果最好的地区所承担的削减量最大"的现象。

这些污染物总量分配方法均存在一定的优缺点，采用单一的分配方法难以获得最优的总量分配方案。在综合分析研究区的社会、自然、经济等因素的前提下，选用两种或多种分配方法共同对污染物总量进行分配，可使分配方案达到最优。与此同时，盘锦市市区中存在多个街区的污水排入同一河段的现象，而各个辖区的排污量、人口及社会经济状况均有所不同。因此，研究中选用两种分配方法对污染物总量进行分配。

基于对以上各个污染物总量分配方法的优缺点及其适用条件的分析，使分配方案兼顾公平与效率原则，研究采用基尼系数法进行污染物的一次分配，并选取自然、社会、经济等方面的指标。综合考虑盘锦市街道间的差异性，在一次分配的基础上，采用按贡献率削减分配法确定各污染源的分配权重，进行污染物总量的二次分配，最终将污染物总量分至各污染源。

4.6.2 基尼系数法

（1）基尼系数法原理

1912 年，赫希曼根据洛伦兹曲线提出了用于判断分配平等程度的指标，洛伦兹曲线如图 4-34 所示。

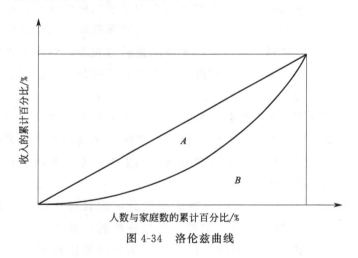

图 4-34 洛伦兹曲线

图 4-34 中直线为收入分配绝对平等曲线，曲线为实际收入分配曲线。设两条线间的面积为 A，曲线下方的面积为 B，用 $A/(A+B)$ 表示不平等程度，并将 $A/(A+B)$ 的数值定义为基尼系数或洛伦兹系数。

基尼系数的取值范围为 $[0,1]$，基尼系数为 0 时，表明收入分配完全合理；基尼系数为 1 时，表明收入分配完全不合理。基尼系数越小，洛伦兹曲线的弯曲程度越小，收入分配更趋向于平等。国际惯例将基尼系数处于 0.2 以下视为收入绝对平均，0.2～0.3 视为收入比较平均，0.3～

0.4 视为收入相对合理，0.4～0.5 视为收入差距较大，0.5 以上则表明收入悬殊。

　　基尼系数法是在现有的经济技术条件下，对已分配的总量做出尽可能公平的二次分配。正是由于基尼系数可以客观地反映出各阶级群体间的贫富差距，因此得到了世界各国学者的认同和采用。随着国内外专家、学者的不断研究，基尼系数法的应用领域逐步扩展，不仅应用于经济领域，还用于地震预测、污染物总量分配等。相关研究表明，基尼系数法避免了传统分配中仅依据经济因素制定总量分配方案的缺陷。这种分配方法最早应用于杭州市钱塘江流域水环境总量分配并取得良好的效果。

　　(2) 基尼系数法的计算方法

　　① 对研究范围进行调查研究，分别从自然、社会、经济等影响因素中筛选出最具代表性的控制指标，确定流域内各地区的污染物现状排放量及控制指标值。

　　② 计算流域内各地区的污染物现状排放量与所选的控制指标值的比值，并按比值大小升序排列。

$$K_i = \frac{W_i}{C_{ij}} \tag{4-20}$$

式中　K_i——第 i 个分配对象的基于各单位指标的污染物排放量；

　　　　W_i——第 i 个分配对象的污染物排放值；

　　　　C_{ij}——第 i 个分配对象的第 j 个控制指标值。

　　③ 计算流域内各地区的污染物现状排放量及控制指标的百分比、累计百分比。

$$X_{ij} = X_{(i-1)j} + \frac{C_{ij}}{\sum_{i=1}^{n} C_{ij}} \tag{4-21}$$

$$Y_{ij} = Y_{(i-1)j} + \frac{W_i}{\sum_{i=1}^{n} W_i} \tag{4-22}$$

式中　X_{ij}——第 i 个分配对象的控制指标 j 的累计百分比；

　　$X_{(i-1)j}$——第 $i-1$ 个分配对象的控制指标 j 的累计百分比；

　　　Y_{ij}——第 i 个分配对象基于控制指标 j 的总氮分配量累计百分比；

　　$Y_{(i-1)j}$——第 $i-1$ 个分配对象基于控制指标 j 的总氮分配量累计百分比。

　　④ 以控制指标的累计百分比为横坐标、污染现状排放量的累计百分比为纵坐标，绘制基于控制指标的洛伦兹曲线并计算相应的基尼系数。

　　按照式(4-23)，采用梯形面积法计算基尼系数：

$$G_0 = 1 - \sum_{i=1}^{n} (X_{ij} - X_{(i-1)j}) (Y_{ij} + Y_{(i-1)j}) \tag{4-23}$$

式中　G_0——各控制指标基尼系数之和；

　　　n——流域内乡镇等行政区的个数。

当 $i=1$ 时，$(X_{i-1},Y_{i-1})=(0,0)$。

环境基尼系数公平区间的设定参照经济领域的划分方法，公平性区间的划分如表 4-36 所示。当基尼系数处于不合理区间时应对分配方案进行调整。

表 4-36　基尼系数公平性区间的划分

序号	基尼系数区间	含义	备注
1	<0.2	环境资源利用合理	—
2	0.2~0.3	环境资源利用比较合理	—
3	0.3~0.4	环境资源利用相对合理	—
4	0.4~0.5	环境资源利用不合理	需重新分配、调整
5	>0.5	环境资源利用非常不合理	需重新分配、调整

（3）基尼系数法控制指标的选取

国家环境保护总局环境规划院在研究区域差异与国家污染物总量分配的过程中提出了区域差异类型及相关指标，污染物总量分配受自然、社会、经济等诸多方面的影响，每一方面指标都涉及庞大的具体指标体系。因此在选取控制指标时，应同时考虑公平性和效益性，并基于公平性原则、可行性原则、典型性原则和科学性原则。确保所选取的控制指标与水环境密切相关，在一定程度上能反映出各行政区污染物排放现状，具有代表性、概括性和综合性，且控制指标值易于获取。

经济较为发达的地区，对水环境资源的需求量较大。经济方面的指标包括人均 GDP、地区人均工资、居民人均消费水平等。GDP 是衡量区域经济发展状况的重要指标，经济产值高的地区应分得较多的排污量。选用人均 GDP 作为基尼系数计算的经济指标。

社会发展状况与人口关系密切，人口越多、经济规模越大，社会发展的推动力越大。社会方面的指标包括人口数、人口密度、环保投入等。人口众多的地区排污量较大，分得的排污量也应较大。选用人口作为基尼系数计算的社会指标。

自然方面的指标包括土地面积、水资源量等。但水资源一般为沿河地区共同享有，难以界定某一区县的水资源量。各区域的土地面积更加容易界定、获取，在一定程度上，土地面积与地区发展、环境承载力成正相关。因此，选用土地面积作为基尼系数计算的自然指标。

（4）基尼系数法优化

基尼系数大于 0.5 时，需要对其进行调整直至控制在合理范围内。而本研究中选取的各控制指标间的差异性较大，极易出现基尼系数大于 0.5 的情况。若将基尼系数均调至合理范围内，则削减量过大，分配方案难以实施，因此不能完全按照经济学中基尼系数取值区间来衡量分配方案的公平性。本研究以各控制指标基尼系数之和最小为目标，对初次分配方案进行优化，可有效地避免仅根据单一控制指标的基尼系数作为目标函数而造成分配方案不唯一引起的矛盾，同时基于多个控制指标制定的分配方案更加公平合理。

　　在进行基尼系数优化时，要在各控制指标基尼系数不增加的情况下进行调整，即在保证各控制指标总量分配公平性不变或变好的情况下进行调整。避免因某一指标的公平性变差而造成最终的分配方案偏离公平方案，最大限度地保证公平性。同时，还应保证各控制指标的洛伦兹曲线图中各乡镇的排序不变。

　　优化调整的主要计算公式如下。

　　① 基尼系数约束：

$$G = \sum_{i=1}^{m} G_i < G_0 \tag{4-24}$$

式中　G——优化分配后各控制指标基尼系数之和；

　　　　G_i——基于控制指标 i 的基尼系数；

　　　　G_0——各控制指标基尼系数之和。

　　② 削减量约束：

$$\sum_{i=1}^{n} W_i = (1-r) \times \sum_{i=1}^{n} W_{0i} \tag{4-25}$$

$$P_1 \leqslant P_j \leqslant P_2 \tag{4-26}$$

式中　W_i——总氮目标排放量；

　　　　W_{0i}——现状总氮排放量；

　　　　r——总氮目标削减率；

　　　　P_1——总氮削减比例下限；

　　　　P_2——总氮削减比例上限；

　　　　P_j——各乡镇总氮目标排放量的削减率。

　　③ 各行政区的排序约束：

$$n_{ij} = n_{ij0} \tag{4-27}$$

式中　n_{ij}——优化调整后基于各控制指标的洛伦兹曲线中乡镇的排序；

　　　　n_{ij0}——优化调整前基于各控制指标的洛伦兹曲线中乡镇的排序。

4.6.3　按贡献率削减分配法

　　按贡献率削减分配法是基于公平性原则的一种分配方法，以各污染源所排放的污染物对水质的影响为基准，依据现状排污量的贡献率进行污染物分配。这种分配方法简单易行，既能在一定程度上体现总量分配的公平性，又立足于污染物排放量的现状。

本研究采用按贡献率削减分配法进行二次分配，将辖区内的污染物分配至各个污染源。具体步骤如下。

① 基于基尼系数法一次分配优化的结果，以盘锦市各区县为基本单元，计算各区县的总氮分配量。

② 按照式(4-28)，计算盘锦市城镇生活源、工业源等7个污染源的总氮入河量占相应区县总氮入河量的百分比。

$$\theta_{ij} = \frac{D_{ij}}{D_i} \tag{4-28}$$

式中　i——研究范围内的区县，其取值范围为 $[1,4]$；

　　　j——城镇生活源、工业源等污染源，其取值范围为 $[1,7]$；

　　　θ_{ij}——各污染源的总氮入河量占相应区县总氮入河量的百分比；

　　　D_{ij}——各区县中各个污染源的现状总氮入河量；

　　　D_i——各区县现状总氮入河量。

③ 按照式(4-29)，以式(4-28)中的百分比作为分配的权重值，计算各区县中各个污染源的总氮分配量。

$$w_{ij} = w_i \theta_{ij} \tag{4-29}$$

式中　w_{ij}——各区县中各个污染源的总氮分配量；

　　　w_i——各区县的总氮分配量。

4.7　总氮总量分配方法

4.7.1　"流域-河段"总氮总量分配

根据辽河盘锦段各支流流域的总氮排放量和入河量、各河段的水环境容量，可计算得到满足辽宁省政府要求时各河段的总氮削减量，即各支流流域的污染物最大允许排放量。

4.7.2　"支流流域-辖区"总氮总量分配

依据盘锦市地理位置图和盘锦市水系流域图，将盘锦市各乡镇划分至各支流流域中。基于基尼系数法进行总氮总量的一次分配，选用两个及以上的控制指标，同时构造基于各个控制指标的洛伦兹曲线。运用

Lingo 软件编程对一次分配结果进行优化调整，使分配结果更加公平、合理，最终完成总氮总量的一次分配。

4.7.3 "辖区-辖区内的污染源"总氮总量分配

若以乡镇为基本单元，将污染物分配至各乡镇中的各个污染源，计算过程过于烦琐，分配方案可实施性较差。因此本研究以区县为基本单元，对辖区范围内各乡镇的总氮分配量进行整合，得到盘锦市各区县的分配量。运用按贡献率削减分配法进行二次分配，将各区县的总氮分配量分配至各个污染源，得到总氮总量的二次分配方案。总氮总量分配如图 4-35 所示。

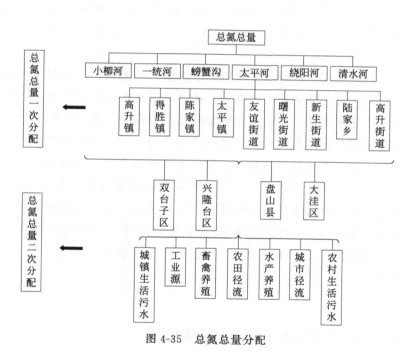

图 4-35　总氮总量分配

4.8 总氮总量的分配优化及分析

4.8.1 各支流流域的总氮削减量

若总氮入河量与水环境容量之差为负值，则表明仍有一定的纳污能力；若为正值，则表明已经超出环境负荷，需要进行削减。各河段丰水期、平水期的总氮削减量如表 4-37 所示。

表 4-37　各河段丰水期、平水期总氮削减量　　　　单位：t/a

河段	丰水期			平水期			削减量合计
	总氮入河量	水环境容量	削减量	总氮入河量	水环境容量	削减量	
小柳河——统河	6.6	5.6	1.0	6.0	4.1	1.8	2.8
一统河—螃蟹沟	117.9	93.2	24.7	127.9	70.8	57.1	81.8
螃蟹沟—太平河	223.7	175.8	48.0	241.1	130.7	110.3	158.3
太平河—绕阳河	53.1	44.4	8.7	52.1	32.7	19.4	28.1
绕阳河—清水河	118.4	99.8	18.5	107.7	73.7	34.0	52.5
清水河—赵圈河断面	96.4	110	−13.6	90.0	56.1	33.9	20.3

由表 4-37 可知，不同河段总氮削减量不同。除清水河—赵圈河段外，各河段丰水期、平水期的总氮入河量均超过水环境容量。其中，螃蟹沟—太平河段削减量最大，约为 158.3t/a；小柳河——统河段需要削减的量最少，仅为 2.8t/a。各河段在丰水期、平水期共需削减 343.8t/a。

从总氮入河量的角度分析，丰水期＜平水期。丰水期流量较大，温度适宜，微生物的增殖速率和污染物降解速率较快，因此丰水期总氮入河量小于平水期。从水环境容量的角度分析，丰水期＞平水期。由一维水环境容量计算公式可知，水环境容量与流量、污染物降解速率等水质参数有关，平水期的流量、总氮降解系数均小于丰水期，因此丰水期的水环境容量大于平水期。从总氮削减量的角度分析，丰水期＞平水期。由于丰水期环境本底浓度较低，其中清水河—赵圈河断面的环境本底浓度低于水质目标，因此该断面在丰水期仍有一定的纳污能力。除此之外，其他河段的总氮入河量均超过水环境容量，需按照表 4-37 进行削减。

4.8.2　基于基尼系数法的一次分配及优化

（1）基础数据的收集

涉及自然、社会、经济等方面的诸多指标中，部分指标存在数据不全或难以统计的问题。本研究兼顾经济、社会和自然因素，参考相关的文献资料并结合盘锦市的特点，依据典型性、易采集等原则，选取人口、土地面积和人均 GDP 这三项评价指标作为基尼系数法的控制指标，构成基尼系数计算过程中的指标体系。

通过查阅《盘锦市 2019 年国民经济和社会发展统计公报》《2017 年盘锦市统计年鉴》等相关资料，得到研究范围内各乡镇及街道的人口、土地面积和人均 GDP，基础数据如表 4-38 所示。

表 4-38　基础数据

乡镇	人口/人	土地面积 /km²	人均 GDP /万元	总氮排放量 /(t/a)
胜利街道	40666	1.5	7.69	43.96269524
建设街道	64164	2.3	7.69	81.14035411
铁东街道	8803	33	7.69	9.49645272
红旗街道	21724	7.8	7.69	23.4359956
辽河街道	46730	7.13	7.69	50.41189704
双盛街道	11886	33	7.69	12.82279038
陆家乡	12473	35.4	7.69	8.09563934
统一乡	12323	1	7.69	3.681496734
振兴街道	62064	15	8.16	88.36877163
兴隆街道	57397	14.9	8.16	102.4901082
渤海街道	49379	10	8.16	48.09195993
新工街道	24405	1.2	8.16	38.51166263
友谊街道	9473	3.27	8.16	9.22599379
曙光街道	14231	9.61	8.16	13.86036818
新生街道	11012	72.73	8.16	10.72506214
高升街道	14944	0.8	8.16	15.12281419
创新街道	54232	6.6	8.16	52.81841292
兴盛街道	37152	13.34	8.16	33.38510542
兴海街道	32730	30	8.16	27.62305356
惠宾街道	69451	1	8.16	58.68514555
大洼街道	76061	4.2	3.71	98.89053682
田家街道	35309	76	3.71	29.34907885
新立镇	19503	87.5	3.71	14.78325792
唐家镇	26102	76.2	3.71	10.9298623
清水镇	24706	76.25	3.71	26.54728305
新兴镇	23313	63.2	3.71	18.75318582
赵圈河镇	11041	163	3.71	1.976910662
高升镇	31480	103	6.97	70.06089645
胡家镇	31490	126	6.97	40.16076842
石新镇	16683	96	6.97	22.14612039
东郭镇	19712	336	6.97	26.54917132
羊圈子镇	21296	240	6.97	27.37546371
太平镇	32860	104.5	6.97	56.11390133
陈家镇	14273	155	6.97	15.8489928
甜水镇	17891	96	6.97	22.09973562
得胜镇	18149	164	6.97	24.46324699

（2）初始基尼系数的计算

依据表 4-38 中的基础数据，分别计算各流域基于人口、土地面积和人均 GDP 的初始基尼系数。以绕阳河流域为例，分别计算基于三个指标的基尼系数。计算过程如表 4-39～表 4-41 所示。

以总氮现状排放量累计百分比为纵坐标，以各基尼系数控制指标（人口、土地面积、人均 GDP）累计百分比为横坐标，分别绘制绕阳河流域基于人口、土地面积、人均 GDP 的洛伦兹曲线图，如图 4-36～图 4-38 所示。通过计算得到：绕阳河流域人口-总氮现状排放量的基尼系数为 0.0911；绕阳河流域土地面积-总氮现状排放量的基尼系数为 0.3042；绕阳河流域人均 GDP-总氮现状排放量的基尼系数为 0.3038。

表 4-39 绕阳河流域基于人口的基尼系数的计算过程

区县范围	人口/人	总氮现状排放量/(t/a)	斜率	人口百分比/%	总氮现状排放量百分比/%	人口累计百分比/%	总氮现状排放量累计百分比/%
友谊街道50%	4737	4.612996895	0.000973822	2.8460194	2.0406048	2.8460194	2.0406048
曙光街道50%	7116	6.930184088	0.000973888	4.2753375	3.0656355	7.1213569	5.1062403
新生街道50%	5506	5.362531072	0.000973943	3.3080394	2.3721687	10.4293962	7.4784089
甜水镇	17892	22.09973562	0.001235174	10.749626	9.7760366	21.1790222	17.2544455
胡家镇	31490	40.16076842	0.00127535	18.9193898	17.7655131	40.0984121	35.0199586
羊圈子镇	21296	27.37546371	0.001285474	12.7947706	12.1098071	52.8931827	47.1297657
石新镇	16683	22.14612039	0.001327466	11.8430934	11.7442885	74.7595273	68.6706096
东郭镇	19712	26.54917132	0.001346853	11.8430934	11.7442885	74.7595273	68.6706096
得胜镇88.9%	16135	21.74794012	0.001347874	9.6940094	9.6204164	84.4535366	78.291026
太平镇50%	16431	28.05695067	0.001707562	9.871848	12.4112696	94.3253847	90.7022956
高升镇30%	9445	21.01841652	0.002225348	5.6746153	9.2977044	100	100

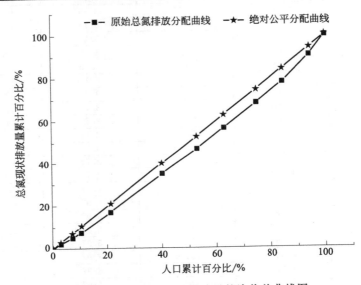

图 4-36 人口-总氮现状排放量的洛伦兹曲线图

表 4-40 绕阳河流域基于土地面积的基尼系数的计算过程

区县范围	土地面积/km²	总氮现状排放量/(t/a)	斜率	土地面积百分比/%	总氮现状排放量百分比/%	土地面积累计百分比/%	总氮现状排放量累计百分比/%
新生街道50%	72.73	5.362531072	0.073732037	5.3829814	2.3721687	5.3829814	2.3721687
东郭镇	336	26.54917132	0.079015391	24.8684415	11.7442885	30.2514229	14.1164572
羊圈子镇	240	27.37546371	0.114064432	17.7631725	12.1098071	48.0145954	26.2262643
得胜镇88.9%	164	21.74794012	0.132609391	12.1381679	9.6204164	60.1527633	35.8466807
高升镇30%	103	21.01841652	0.204062296	7.6233615	9.2977044	67.7761248	45.1443851
甜水镇	96	22.09973562	0.230205579	7.105269	9.7760366	74.8813938	54.9204217
石新镇	96	22.14612039	0.230688754	7.105269	9.7965554	81.9866628	64.7169771
太平镇50%	104.5	28.05695067	0.268487566	7.7343814	12.4112696	89.7210442	77.1282467
胡家镇	126	40.16076842	0.318736257	9.3256656	17.7655131	99.0467097	94.8937597
曙光街道50%	9.61	6.930184088	0.721142985	0.711267	3.0656355	99.7579768	97.9593952
友谊街道50%	3.27	4.612996895	1.410702414	0.2420232	2.0406048	100	100

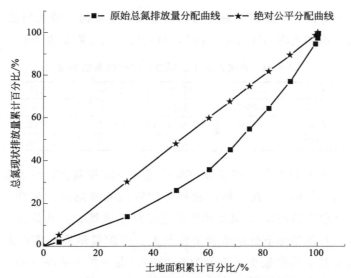

图 4-37　土地面积-总氮现状排放量的洛伦兹曲线图

表 4-41　绕阳河流域基于人均 GDP 的基尼系数的计算过程

区县范围	人均 GDP /万元	总氮现状 排放量 /(t/a)	斜率	人均 GDP 百分比 /%	总氮现状排 放量百分比 /%	人均 GDP 累计百分比 /%	总氮现状排 放量累计 百分比/%
友谊街道 50%	8.16	4.612996895	0.565318247	10.1694915	2.0406048	10.1694915	2.0406048
新生街道 50%	8.16	5.362531072	0.657172926	10.1694915	2.3721687	20.3389831	4.4127735
曙光街道 50%	8.16	6.930184088	0.849287266	10.1694915	3.0656355	30.5084746	7.4784089
高升镇 30%	6.97	21.01841652	3.015554737	8.6864407	9.2977044	39.1949153	16.7761133
得胜镇 88.9%	6.97	21.74794012	3.120220964	8.6864407	9.6204164	47.8813559	26.3965297
甜水镇	6.97	22.09973562	3.170693777	8.6864407	9.7760366	56.5677966	36.1725663
石新镇	6.97	22.14612039	3.177348693	8.6864407	9.7965554	65.2542373	45.9691217
东郭镇	6.97	26.54917132	3.809063317	8.6864407	11.7442885	73.940678	57.7134102
羊圈子镇	6.97	27.37546371	3.927613157	8.6864407	12.1098071	82.6271186	69.8232173
太平镇 50%	6.97	28.05695067	4.02538747	8.6864407	12.4112696	91.3135593	82.2344869
胡家镇	6.97	40.16076842	5.761946689	8.6864407	17.7655131	100	100

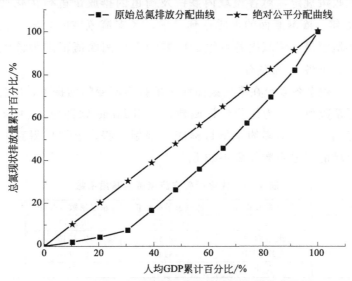

图 4-38　人均 GDP-总氮现状排放量的洛伦兹曲线图

小柳河、一统河、螃蟹沟、太平河、绕阳河、清水河流域基于人口、土地面积和人均 GDP 的计算得到的基尼系数结果如表 4-42 所示。

表 4-42　各流域基于三项控制指标的基尼系数

项目	小柳河	一统河	螃蟹沟	太平河	绕阳河	清水河
人口	0.2273	0.0666	0.1627	0.2120	0.0911	0.1192
土地面积	0.2040	0.8230	0.6911	0.3547	0.3042	0.5907
人均 GDP	0.3148	0.5166	0.2430	0.5967	0.3038	0.4895

由表 4-42 可知，各支流流域中基于不同控制指标的基尼系数有较大的差别。其中，一统河流域和螃蟹沟流域的基尼系数值相差最大。一统河流域中土地面积-总氮现状排放量基尼系数最大，其值为 0.8230，表明各乡镇在该指标下分配的公平性最差、分配量最不均衡；人口-总氮现状排放量基尼系数最小，其值为 0.0666，表明各乡镇在人口指标下分配的公平性最好。

各控制指标的公平性程度由高到低依次为：基于人口的基尼系数＞基于人均 GDP 的基尼系数＞基于土地面积的基尼系数。从社会、经济的角度分析，两者的基尼系数基本上均处于合理范围内，但基于土地面积的基尼系数超出了合理的范围，表明从自然因素的角度看，污染物排放情况失衡。

（3）总氮分配方法优化

由表 4-42 可知，共有 5 个基尼系数超出了分配公平性区间，但选取的控制指标间差异性较大，仅按照公平区间衡量分配的公平性并不合理，因此应对初始分配方案进行优化。综合考虑社会、自然和经济方面的因素，采用各指标基尼系数和最小的方法，同时基于盘锦市水污染现状及相关政策规定，对各流域内乡镇及街道的排放量进行优化调整。为了使 2020 年赵圈河断面的水质达到要求，各支流流域的总氮排放量不可超过水环境容量，流域内各乡镇的削减约束比例取值范围为该流域总氮削减量上、下各 10% 左右。

在保证各乡镇在洛伦兹曲线中的排序不变的前提下，以各控制指标的基尼系数和最小为优化目标函数，利用 Lingo 软件对式（4-24）～式（4-27）进行编程，构造多约束单目标线性规划方程，求解后得到的优化后各支流流域的基尼系数如表 4-43 所示。

表 4-43　优化后各支流流域的基尼系数

各支流流域	基尼系数指标	基尼系数初始值	基尼系数优化值	变化幅度
小柳河	人口	0.2273	0.2273	0
	土地面积	0.2040	0.2040	0
	人均 GDP	0.3148	0.3148	0
	合计	0.7461	0.7461	0

续表

各支流流域	基尼系数指标	基尼系数初始值	基尼系数优化值	变化幅度
一统河	人口	0.0666	0.0352	0.0314
	土地面积	0.8230	0.8069	0.0161
	人均GDP	0.5166	0.4883	0.0283
	合计	1.4062	1.3304	0.0758
螃蟹沟	人口	0.1627	0.1099	0.0528
	土地面积	0.6911	0.6822	0.0089
	人均GDP	0.2430	0.2095	0.0335
	合计	1.0968	1.0016	0.0952
太平河	人口	0.2120	0.1481	0.0639
	土地面积	0.3547	0.3231	0.0316
	人均GDP	0.5967	0.5526	0.0441
	合计	1.1634	1.0238	0.1396
绕阳河	人口	0.0911	0.0775	0.0136
	土地面积	0.3042	0.2983	0.0059
	人均GDP	0.3038	0.2963	0.0075
	合计	0.6991	0.6721	0.027
清水河	人口	0.1192	0.0703	0.0489
	土地面积	0.5907	0.5484	0.0423
	人均GDP	0.4895	0.4527	0.0368
	合计	1.1994	1.0714	0.128

以绕阳河流域为例，优化后各乡镇的总氮分配量如表 4-44 所示。基于各控制指标的基尼系数优化前后的结果对比图如图 4-39～图 4-41 所示。

表 4-44　绕阳河流域优化后各乡镇的总氮分配量

区县范围	总氮现状排放量/(t/a)	削减率/%	削减量/(t/a)	总氮分配量/(t/a)
友谊街道 50%	4.612996895	1.352969695	0.711017895	3.901979
新生街道 50%	6.930184088	2.033334948	1.068566088	5.861618
曙光街道 50%	5.362531072	1.573873406	0.827108072	4.535423
高升镇 30%	22.09973562	9.417356147	4.94904562	17.15069
得胜镇 88.9%	40.16076842	18.98195047	9.97546842	30.1853
甜水镇	27.37546371	12.22131639	6.42259371	20.95287
石新镇	22.14612039	9.505620013	4.99543039	17.15069
东郭镇	26.54917132	10.64899512	5.59630132	20.95287
羊圈子镇	21.74794012	8.747937482	4.59725012	17.15069
太平镇 50%	28.05695067	13.51809276	7.10408067	20.95287
胡家镇	21.01841652	11.99855356	6.30552652	14.71289

由表 4-44 可知，总氮削减比例和总氮现状排放量几乎是一一对应的，绕阳河流域中得胜镇和太平镇的总氮现状排放量和总氮削减比例均为最大。

由表 4-43 及图 4-39～图 4-41 可得，基于各控制指标优化后的基尼系数均比初始基尼系数小，表明优化后的分配方案公平性更高。太平河流域基于人口的基尼系数变化幅度最大，减小了 0.0639；绕阳河流域

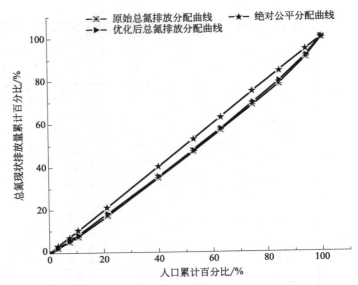

图 4-39　人口-总氮现状排放量基尼系数优化结果对比

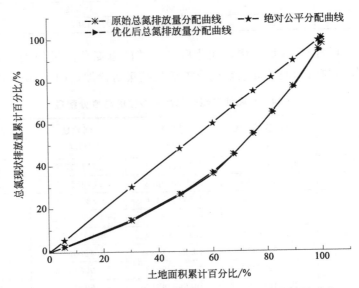

图 4-40　土地面积-总氮现状排放量基尼系数优化结果对比

基于土地面积的基尼系数变化幅度最小，减小了 0.059。因为各控制指标间差异性较大，难以将其均优化至合理区间内。优化后的基尼系数是在优化条件下的一个最优解，经过优化的基尼系数既可以达到总氮总量在 2017 年的基础上削减 10% 的目标，又能使总氮总量的分配更加公平合理。

（4）基尼系数法的一次分配

运用 Lingo 软件编程对各支流流域的初始基尼系数进行优化，优化后得到的总氮一次分配量如表 4-45 所示。

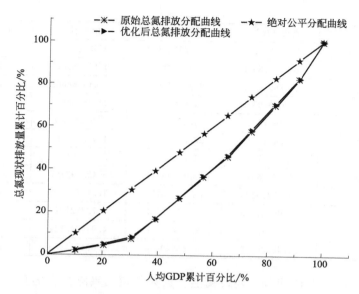

图 4-41　人均 GDP-总氮现状排放量基尼系数优化结果对比

表 4-45　基于基尼系数法的总氮一次分配量

区县范围	现状排放量/t	削减率/%	削减量/t	总氮分配量/t
胜利街道	43.96269524	30.60029684	13.45271524	30.50998
建设街道	81.14035411	40.67127199	33.00081411	48.13954
铁东街道	9.49645272	30.45277858	2.89193372	6.604519
红旗街道	23.4359956	30.45484273	7.137395605	16.2986
辽河街道	50.41189704	30.45383717	15.35235704	35.05954
双盛街道	12.82279038	30.45535536	3.905226376	8.917564
陆家乡	8.09563934	17.09961723	1.38432334	6.711316
统一乡	4.269252001	21.39866658	0.913563001	3.355689
振兴街道	88.36877163	40.00000337	35.34751163	53.02126
兴隆街道	102.4901082	40.00000483	40.99604825	61.49406
渤海街道	48.09195993	33.63350122	16.17500993	31.91695
新工街道	38.51166263	37.64533037	14.49784263	24.01382
友谊街道	9.22599379	15.20668474	1.40296779	7.823026
曙光街道	13.86036818	15.20951066	2.108094176	11.752274
新生街道	10.72506214	15.21192253	1.631488145	9.093574
高升街道	15.12281419	27.20255725	4.113792188	11.009022
创新街道	52.81841292	33.63342808	17.76464292	35.05377
兴盛街道	33.38510542	28.07025858	9.371285419	24.01382
兴海街道	27.62305356	23.41328249	6.467463564	21.15559
惠宾街道	58.68514555	23.50565108	13.79432555	44.89082
大洼街道	98.89053682	19.32528372	19.11087682	79.77966
田家街道	29.34907885	0.999993394	0.29348885	29.05559
新立镇	14.78325792	26.14584647	3.865207919	10.91805
唐家镇	10.9298623	1.000033672	0.109302303	10.82056

续表

区县范围	现状排放量/t	削减率/%	削减量/t	总氮分配量/t
清水镇	26.54728305	2.389860572	0.634443051	25.91284
新兴镇	18.75318582	1.000021152	0.187535825	18.56565
赵圈河镇	1.976910662	0.999977505	0.019768662	1.957142
高升镇	70.06089645	34.95228821	24.48788645	45.57301
胡家镇	40.16076842	24.83883853	9.97546842	30.1853
石新镇	22.14612039	22.55668397	4.995430389	17.15069
东郭镇	26.54917132	21.07900565	5.596301322	20.95287
羊圈子镇	27.37546371	23.46113211	6.422593707	20.95287
太平镇	56.11390133	22.80552773	12.79707133	43.31683
陈家镇	18.06324593	20.69573732	3.738321929	14.324924
甜水镇	22.09973562	22.3941395	4.949045624	17.15069
得胜镇	24.46324699	20.45740694	5.004545986	19.458701

由表 4-45 可知，建设街道、振兴街道、兴隆街道的总氮削减比例较大，分别为 40.67%、40%、40%；各乡镇间总氮分配量的差异比较大，兴隆台区兴隆街道、振兴街道的总氮分配量均在 35t 以上，而大洼区田家街道的总氮分配量仅为 0.29t。

4.8.3　基于按贡献率削减分配法的二次分配

为了使分配结果更具有可行性，以盘锦市各区县为基本单元，进行污染物二次分配。基于基尼系数法一次分配的结果，以双台子区、兴隆台区、大洼区和盘山县为基本单元，计算各区县的总氮分配量如表 4-46 所示。

表 4-46　各区县总氮分配量

类别	双台子区	兴隆台区	大洼区	盘山县
总氮分配量/t	155.596748	335.237986	177.009492	229.065885

根据对辽河盘锦段污染负荷的分析，得到各个污染源现状排放量占各区县总氮排放量的百分比，计算结果如表 4-47 所示。

表 4-47　各个污染源占区县总氮排放量的百分比　　　单位：%

类别	双台子区	兴隆台区	大洼区	盘山县
农村生活污水	1.1558994	1.0762643	9.4567722	9.2803676
农田径流	0.1197362	0.4069979	5.7524871	6.0500158
水产养殖	1.9431569	5.1106975	27.9575158	54.8937999
城市径流	0.108614	0.1619454	1.9682734	2.0864207
城镇生活污水	89.9308603	75.1721947	23.5409223	9.9594114
畜禽养殖	1.5997143	0.1818247	14.0266678	3.7885278
工业源	5.142019	17.8900755	17.2973612	13.9414567

依据表 4-47 中的排放比例，将各区县的总氮总量分配至各个污染源，得到基于按贡献率削减分配法的总氮总量二次分配，分配结果见表 4-48。

表 4-48　基于按贡献率削减分配法的总氮总量二次分配　　　单位：t/a

类别	双台子区 总氮分配量	兴隆台区 总氮分配量	大洼区 总氮分配量	盘山县 总氮分配量
农村生活污水	1.798541801	3.608046612	16.73938442	21.25815619
农田径流	0.186305651	1.36441152	10.18244826	13.85852234
水产养殖	3.023488873	17.13299937	49.48745677	125.7429685
城市径流	0.1689999	0.54290254	3.484030739	4.779278066
城镇生活污水	139.9294941	252.0057515	41.66966704	22.81361394
畜禽养殖	2.489103393	0.609545594	24.8285335	8.678224807
工业源	8.000814332	59.9743289	30.61797127	31.93512115

4.8.4　污染物总量分配结果分析

由基于基尼系数法的一次分配结果可知，优化后各支流流域的基尼系数值均小于初始值，以人口为控制指标的基尼系数变化幅度最大，太平河流域基于人口的基尼系数变化幅度为 0.0639，优化后的分配方案更加公平合理。研究区各乡镇的总氮分配量差异显著，其中建设街道、振兴街道、兴隆街道、大洼街道、高升镇和太平镇的总氮分配量均大于 40 t/a，而铁东街道、双盛街道、陆家乡、统一乡、友谊街道、赵圈河镇的总氮分配量小于 10t/a。以区县为基本单位，基于一次分配的结果得到各区县的总氮分配量的排序：兴隆台区＞盘山县＞大洼区＞双台子区。

由基于按贡献率削减分配法的二次分配结果可知，各个区县的主要污染源不同，双台子区、兴隆台区城镇生活污水的总氮排放量分别占各区总氮排放量的 89.9％和 75.2％；盘山县主要污染源为水产养殖，其总氮排放量约占该辖区总排放量的 54.9％。其次，各个污染源的总氮分配量也有所不同，双台子区、兴隆台区城镇生活污水的总氮分配量分别为 139.93t/a 及 252.01t/a，大洼区水产养殖的总氮分配量约为 49.5t/a。

4.9　**总氮总量控制措施**

4.9.1　治理措施

4.9.1.1　点源污染治理措施

（1）城镇污水处理厂的扩建及污水管网的建设

盘锦市城镇生活污水的收集率约为 65％，部分地区没有配套的污水管网，因此应加快城区内污水管网的建设、加强污水管道的覆盖率。污水处理厂应有较好的脱氮能力，部分城镇污水处理厂还应进行扩建，用于接纳增长的人口以及新纳入污水管网的区域所产生的污水。同时，还应加强中水回用城市基础设施建设，实现水资源的充分利用，间接减少污染物的排放量。

（2）调整产业结构，实行排污许可证制度

结合盘锦市发展的整体规划，逐步调整产业结构，适时淘汰环境资源消耗大、排污量大、经济效益低的生产工艺或产品；加强对 11 个涉氮重点行业企业的监管，实行排污许可证制度；依据排污量收取一定的环境治理费用，用经济手段促使企业改进污染物处理工艺，并加强工业水的循序使用和循环使用，达到污染物排放量减少的目标；对于印染、石化、电镀等行业实行清洁生产，建立清洁生产的机制体制，在进行产品生产的同时把控节能减排的要求，从源头上减少污染物的产生量。

4.9.1.2 面源污染治理措施

（1）农村生活污水治理措施

靠近城区的村镇可建造排水管网，将村镇的生活污水纳入城镇污水处理厂中；人口密集的村庄，可单独建造小型的污水处理设施，统一处理村镇的污水；规模较小、人口相对分散、污水不易集中收集的村镇，可采用分散式处理模式，将村镇分区，按区进行污水的收集与处理。

推广化粪池、沼气池的建设，提高污水处理率，实现污水的集中处理；逐步推进农村"厕所革命"，并建设配套设施，在提高生活质量的同时把控环境的治理；充分实现生活污水的资源化利用，如将达标处理后的生活污水用于农田灌溉等。

（2）农田径流污染治理措施

随着农药化肥使用量的不断增加，农田径流污染日益严重，对环境的影响也逐渐加重。应从污染的源头出发，从根本上减少污染物的产生量，间接地减少进入水体的污染物的量；邀请农业专家对农业种植户进行技术指导，在不影响农业生产效益的前提下减少单位面积上农药化肥的施用量；科学施用肥料，坚持"有机肥为主、农药化肥为辅"的原则，平衡施肥技术；合理地增加有机肥及复合肥的比例，改进施肥方法，提高肥料的利用率。

（3）畜禽养殖污染治理措施

对于规模化养殖场，应加强畜禽养殖场的环境管理，并全部配有粪污处理设施，畜禽污水处理达标后排放，或作为农家肥进行资源化再利用。畜禽的粪便还可作为厌氧发酵的原料，生产沼气等再生能源。其中沼气可作为燃料，用于照明、发电等；沼液可以还田处理；沼渣则可用于水产养殖。

对于散养畜禽，应在规定的养殖区内进行养殖，对河流附近、人口密集区等环境敏感性高的地点，应严格限制畜禽养殖场的发展。在禁养区内禁止建设畜禽养殖场或养殖小区，限养区应严格控制养殖规模，不得新建、扩建畜禽养殖场。根据畜禽养殖场资源化利用水平和土地消纳能力等情况，控制养殖区内畜禽的数量。同时，还应积极推进畜禽粪污综合利用技术，达到无害化、减量化的目标。运用技术实现污染物"粪尿分离、干湿分离"，降低处理成本，减小资源再利用的难度。

（4）城市径流污染治理措施

城市径流包括屋面径流、路面径流、绿地径流等，屋面、路面上的污染物随雨水的冲刷流入水体中，最终造成水体污染。城市内的管道多为雨污合流管道，并没有单独的雨水处理系统。从污染产生方面来看，应时刻保持城市屋顶、地面清洁，对生活垃圾进行妥善的收集和处理；从污染源控制方面来看，应加强海绵城市的建设，建设绿化带、植物缓冲带等基础设施，铺装透水、渗水的路面，建造景观湖和城市小型人工湿地，对城市径流进行截留；从污染治理方面来看，应建设雨水处理系统，铺设雨水管道，实现雨污分流。同时，盘锦也是水资源极度缺乏的城市，要充分考虑到雨水的综合利用，对收集的雨水进行合理的规划、利用，如处理后的雨水用于城市景观用水、路面喷洒等。

（5）水产养殖污染治理措施

合理规划水产养殖区、确定养殖容量及养殖方式，提高饵料的利用率；转变养殖方式，限制并调整养殖面积，由大围网放牧式的养殖转变为低投入、高产出的新型围网养殖；定期对养殖废水进行水质监测，对于污染较为严重的养殖废水可就近排入附近的人工湿地中，充分利用土地处理系统中微生物的降解作用，对养殖废水进行净化处理。

实行水生态系统保护与修复，在原有的养殖区域内种植水草、藕等水生植物。水生植物不仅可以净化养殖废水中的污染物，还可以作为鱼、蟹、虾的天然饵料；同时应减少饵料的投加量，控制有机或无机污染物进入水体，从源头上降低养殖废水中氮的浓度。

4.9.2　管理措施

（1）完善相关的政策法规

健全、完善盘锦市及地方的政策法规，做到有法可依；推动全民进行节约用水及资源化利用，发挥政府部门的宣传引导作用，大力推广、普及节约用水措施。

（2）健全监管体系

加强监管能力，建立水质监控系统，以便能第一时间发现问题，更好地应对突然发生的水污染事件，及时制定水质应急方案；加强对入河排污口的监测，不定时进行走访调查，在城镇污水处理厂的进水口、出水口及排污量较大的工业企业的排污口安装自动监控装置，进行在线实时监测；对国控断面、省控断面进行水质监测，丰水期、平水期、枯水期多次进行采样监测，以便更好地掌握断面的水质状况。依据各断面的考核标准，对监测数据进行分析，探究断面超标的原因，并及时做出处理；加强水环境的监管力度，提高执法水平，对于造成环境污染的行为进行严厉的查处；健全环境违法行为举报制度，使全民参与到环境治理的任务中。

（3）加强部门间的协调

水体的保护与监管，涉及水利、自然资源、环保、农业农村等多个部门。各部门间应相互协调，尤其是在农作物种植时期，既要保证河道内正常的生态用水，使河道具有一定的自净能力，又要满足农业灌溉的要求进行调水。盘锦是辽河的入海口，同时辖区内水系众多、水源复杂，更需要各部门之间密切合作，做好水污染的治理工作。

（4）提高公众参与度

借助网络、电视等宣传媒介，加强宣传教育的力度，积极宣传节能减排的方法，充分调动社会各方面的积极性，让每个人都参与到水污染综合治理的工作中。

4.10　结论

① 辽河盘锦段总氮污染以点源污染为主，点源总氮入河量约占总氮总入河量的 69.6％；辽河盘锦段总氮污染主要来源于城镇生活污水、工业废水、水产养殖废水，这三个污染源约占总氮总入河量的 89.8％；6个支流流域总氮入河量的比值为蟹蟹沟：一统河：绕阳河：清水河：太平河：小柳河≈38.2：20.2：17.6：14.6：8.4：1。

② 基于 MIKE 11 对辽河盘锦段进行水动力-水质模拟，选用平均相对误差、相关性系数 R^2 及纳什系数三个指标对模型的适用性进行分析。分析结果表明，模型误差均在允许范围内，建立的模型基本合理，基本能较好地描述辽河下游的水力特性。由模型率定的河道糙度值为 0.03～0.067，纵向扩散系数为 $10m^2/s$，总氮降解系数为 $0.00012～0.3984d^{-1}$。

③ 基于 MIKE 11 水动力-水质模型确定水环境容量计算中的水质参数，运用一维水环境容量公式对辽河盘锦段的水环境容量进行研究。研究结果表明，辽河盘锦段的丰水期、平水期的水环境容量之和为 896.81

t/a；各河段丰水期的水环境容量大于平水期的水环境容量；螃蟹沟-太平河河段的水环境容量最大，约为 306.48t/a；小柳河——统河河段的水环境容量最小，约为 9.78t/a。

④ 基于基尼系数法对辽河盘锦段总氮总量进行一次分配，并通过 Lingo 软件构造多约束单目标线性规划方程，对初始基尼系数进行优化；采用按贡献率削减分配法对辽河盘锦段总氮总量进行二次分配，得到盘锦市各区县中各个污染源的总氮分配量。由两次分配结果可知，兴隆台区总氮分配量最大，约为 335.24t/a；双台子区总氮分配量最小，约为 155.60t/a。根据分配结果，提出总氮总量削减的治理措施和管理措施。

第5章
辽河河口区水生态环境保护"十四五"规划

5.1 总体要求

"十四五"时期是我国由全面建成小康社会向基本实现社会主义现代化迈进的关键时期，也是污染防治攻坚战取得阶段性胜利、继续推进美丽中国建设的关键期。盘锦市位于辽河、大辽河、大凌河下游，具有地表径流少、污径比高、地下水超采历史欠账多、治理难度大的特点，是典型的北方水质型缺水城市。因此，为从根本上改善盘锦市流域生态环境质量，要坚决以生态文明思想为统领，科学谋划盘锦市重点流域水生态环境保护"十四五"规划，通过科学设定规划目标、合理统筹空间和"三水"、凸显绿色发展、突出科技支撑，推进新时期盘锦市生态保护和高质量发展。

参照辽宁省"十四五"国控断面汇水范围核定表和辽河水系控制单元细分图，盘锦市主要保护河流为辽河和绕阳河。涉及控制单元3个，分别是辽河控制单元、绕阳河控制单元和大辽河控制单元；涉及国控断面5个，分别是辽河兴安断面（考核鞍山市）、辽河曙光大桥断面、辽河赵圈河断面、绕阳河胜利塘断面、大辽河辽河公园断面（考核营口市）。

根据《辽宁省水污染防治工作方案》中辽宁省流域水质断面考核清单规定，盘锦市5个控制断面水质目标均为地表水Ⅳ类水水质标准。本次规划目标除了专业性较强的常规目标外，还设计了方便群众理解、判断、监督的亲民目标，从群众最关心、最期盼的事情做起，扎实推动流域生态环境保护。常规指标中，水环境指标为地表水优良（达到或优于Ⅲ类）比例为0%、地表水劣五类水体比例为0%、水功能区达标率为100%、城市集中式饮用水水源达到或优于Ⅲ类比例为100%，水资源指标为达到生态流量（水位）底线要求河湖个数为1个（辽河），水生态指标为水生生物完整性指数存在轻污染情况，河湖缓冲带生态修复长度达到66km，湿地恢复（建设）面积达到 $0.63km^2$。亲民指标中，水环境指标为城市建成区黑臭水体控制比例为 0%，盘锦涉及河流为太平河、绕阳河、东沙河、锦盘河、大辽河、辽河，盘锦市上述河流不存在断流河流，故水资源指标为恢复有水河湖数量 0 个，水生态指标为重现土著鱼类或水生植物水体数量 1 个，水体为辽河赵圈河汇水区。

5.1.1　保护思路

盘锦市集中体现了我国东北寒冷地区水资源匮乏河流的污染特征，为从根本上改善盘锦市流域生态环境质量，盘锦市水生态环境保护"十四五"规划根据盘锦市河流特点，通过构建"分类控源—协同治理—生态修复"的保护思路，科学设定规划目标、合理统筹空间和"三水"、凸显绿色发展、突出科技支撑，推进盘锦市生态保护和高质量发展。"十四五"规划技术路线如图 5-1 所示。

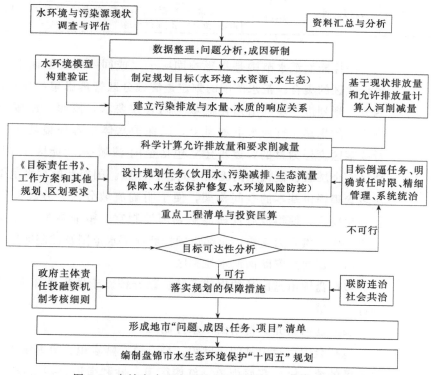

图 5-1　盘锦市水生态环境保护"十四五"规划技术路线

5.1.2　规划范围与分区控制体系

规划范围为盘锦全市，包括辽河、绕阳河、大辽河在盘锦境内的 5 个国控断面汇水范围（其中 1 个为鞍山市考核断面，1 个为营口市考核断面）。辽河包括兴安断面、曙光大桥断面、赵圈河断面 3 个汇水控制区；绕阳河包括胜利塘断面 1 个汇水控制区；大辽河包括辽河公园断面 1 个汇水控制区。控制区划分如表 5-1 所示。

表 5-1　控制区划分

所在水体	控制断面名称	区县	乡镇、街道名称
辽河	兴安	大洼区	坝墙子镇、新开镇、于楼街道
	曙光大桥	盘山县	得胜镇、高升镇、陈家镇、吴家镇
		双台子区	统一镇、双盛街道、红旗街道、胜利街道、陆家乡、铁东街道、辽河街道
		兴隆台区	沈采街道、兴海街道、新工街道、渤海街道、高升街道、振兴街道、创新街道、兴隆街道、兴盛街道、惠宾街道、建设街道、新生街道
	赵圈河	盘山县	羊圈子镇、石新镇、东郭镇
		兴隆台区	欢喜街道、平安街道、锦采街道
		大洼区	新兴镇、田家街道、新立镇、赵圈河镇、清水镇、大洼街道、唐家镇、向海街道、榆树街道
绕阳河	胜利塘	盘山县	甜水镇、胡家镇、太平镇
		兴隆台区	友谊街道、曙光街道
大辽河	辽河公园	盘山县	沙岭镇、古城子镇
		大洼区	新开镇、于楼街道、东风镇、西安镇、平安镇、田庄台镇、二界沟街道、荣兴街道、荣滨街道

国控断面汇水范围是指影响同一个（或同一组）断面水质的一组乡镇行政区的集合。汇水范围的划定是流域分区管理思想的发展深化。"十四五"规划进一步提出强化流域空间管控要求，按照"流域统筹、区域落实"的思路，打通水里和岸上，以保护水体生态环境功能、明晰各级行政辖区责任为目的，逐步建立包括全国-流域-水功能区-控制单元-行政辖区 5 个层级、覆盖全国流域空间管控体系。国控断面汇水范围的划分为流域管理提供基本的空间构架，便于明确流域分区、分级、分类管理的差异化要求，使得流域管理能做到因地制宜、精准施策，为各地水污染防治工作提供有力支撑。盘锦市国控断面汇水范围及控制区域如下。

（1）辽河兴安断面汇水控制区

包括盘锦市盘山县的坝墙子镇、新开镇、于楼街道 3 个乡镇（街道）的部分区域。

（2）辽河曙光大桥断面汇水控制区

包括盘锦市盘山县的得胜镇、高升镇、陈家镇、吴家镇 4 个乡镇；双台子区的统一镇、双盛街道、红旗街道、胜利街道、陆家乡、铁东街道、辽河街道 7 个乡镇街道；兴隆台区沈采街道、兴海街道、新工街道、渤海街道、高升街道、振兴街道、创新街道、兴隆街道、兴盛街道、惠宾街道、建设街道、新生街道 12 个街道，共计 23 个乡镇街道。

（3）辽河赵圈河断面汇水控制区

包括盘锦市盘山县的羊圈子镇、石新镇、东郭镇 3 个乡镇；兴隆台区的欢喜街道、平安街道、锦采街道 3 个街道；大洼区的新兴镇、田家街道、新立镇、赵圈河镇、清水镇、大洼街道、唐家镇、向海街道、榆树街道 9 个乡镇街道，共计 15 个乡镇街道。

（4）绕阳河胜利塘断面汇水控制区

包括盘锦市盘山县的甜水镇、胡家镇、太平镇 3 个乡镇；兴隆台区的友谊街道、曙光街道 2 个街道，共计 5 个乡镇街道。

（5）大辽河辽河公园断面汇水控制区

包括盘锦市盘山县沙岭镇、古城子镇 2 个乡镇；大洼区的新开镇、于楼街道、东风镇、西安镇、平安镇、田庄台镇、二界沟街道、荣兴街道、荣滨街道 9 个乡镇街道的部分区域，共计 11 个乡镇街道。

5.1.3　规划目标

（1）总体目标

到 2025 年，以"1 条河恢复有蟹，3 条河稳定达标"为总体目标，流域内主要河流以及 5 个国控断面（其中 1 个为鞍山市考核断面，1 个为营口市考核断面）水质稳定达到考核目标要求，水功能区达标率达到 100%，城市集中式饮用水水源达到或优于Ⅲ类比例，达到 100%，城市建成区黑臭水体全面消除；水资源利用率进一步提升，主要河流生态流量基本得到保障。辽河恢复土著水生生物中华绒螯蟹。水生态系统功能明显提升，水生态系统稳定性显著增强，水生生物完整性指数提升至整体清洁，恢复湿地面积 0.63km²。规划目标指标体系如表 5-2 所示。

表 5-2　规划目标指标体系

类别	序号	常规指标	2020 年	2025 年
水环境	1	地表水优良（达到或优于Ⅲ类比例）/%	0	0
	2	地表水劣Ⅴ类水体比例/%	0	0
	3	水功能区达标率/%	60	100
	4	城市集中式饮用水水源达到或优于Ⅲ类比例/%	100	100
水资源	5	达到生态流量（水位）底线要求河湖数量/个	2	3
水生态	6	水生生物完整性指数	存在轻污染现象	整体清洁
	7	河湖缓冲带生态修复长度/km		66
	8	湿地恢复（建设）面积/km²	3.67	0.63
类别	序号	亲民指标	2020 年	2025 年
水环境	1	城市建成区黑臭水体控制比例/%	0	0
水资源	2	恢复"有水"河湖数量/个	0	0
水生态	3	重现土著鱼类或水生植物水体数量/个	1	1

注：水生生物完整性指数根据辽河水生态生物指数（BI 指数）评价。

（2）水质目标

盘锦市主要断面水质目标如表 5-3 所示。

表 5-3　盘锦市主要断面水质目标

所属流域	所在水体	断面名称	2020 年水质目标	2025 年水质目标
辽河流域	辽河	兴安（鞍山确定）	Ⅳ类	Ⅳ类
		曙光大桥	Ⅳ类	Ⅳ类
		赵圈河	Ⅳ类	Ⅳ类
	绕阳河	胜利塘	Ⅳ类	Ⅳ类
大辽河流域	大辽河	辽河公园（营口确定）	Ⅳ类	Ⅳ类

到 2025 年，5 个国控断面（其中 1 个鞍山市考核断面，1 个营口市考核断面）水质需达到水质考核目标。其中，辽河兴安断面、辽河曙光大桥断面、辽河赵圈河断面、绕阳河胜利塘断面和大辽河辽河公园断面需稳定达到地表水Ⅳ类标准，支流河清水河、太平河由Ⅴ类提升至Ⅳ类；盘锦市饮用水源为抚顺大伙房水库水源。饮用水源涉及 3 处"万人千吨"农村饮用水源。3 处农村饮用地下水源地（大洼水源地、石山水源地、高升水源地）水质稳定达到或优于Ⅲ类标准。

（3）水资源目标

流域水资源目标如表 5-4 所示。

到 2025 年，5 个国控断面（其中 1 个为鞍山市考核断面，1 个为营口市考核断面）水资源需达到考核目标。其中，辽河、绕阳河、大辽河全年不断流，辽河兴安断面水资源目标以鞍山为准，辽河曙光大桥断面与赵圈河断面保证流量达到 $8.89\text{m}^3/\text{s}$，绕阳河胜利塘断面保证流量达到 $0.73\text{m}^3/\text{s}$，大辽河辽河公园断面水资源目标以营口市为准。

表 5-4　流域水资源目标

所属流域	所在水体	断面名称	水资源现状	2025 年水资源目标
辽河流域	辽河	兴安（鞍山确定）	生态流量不足	以鞍山为准
		曙光大桥		保证流量达到 $8.89\text{m}^3/\text{s}$
		赵圈河		保证流量达到 $8.89\text{m}^3/\text{s}$
	绕阳河	胜利塘		保证流量达到 $0.73\text{m}^3/\text{s}$
大辽河流域	大辽河	辽河公园（营口确定）		以营口为准

（4）水生态恢复目标

盘锦市主要河流水生态恢复目标如表 5-5 所示。

到 2025 年，5 个国控断面（其中 1 个为鞍山市考核断面，1 个为营口市考核断面）需达到水生态考核目标。其中，辽河恢复土著鱼类中华绒螯蟹，完成河湖缓冲带修复长度 53km，湿地恢复（建设）面积

$0.63km^2$；绕阳河河湖缓冲带生态修复长度 13km。

表 5-5　盘锦市主要河流水生态恢复目标

所属流域	所在水体	断面名称	2020 年水生态目标	2025 年水生态目标
辽河流域	辽河	兴安/曙光大桥/赵圈河	退养还湿面积 $3.67km^2$；生态封育面积 $60.84km^2$	河湖缓冲带生态修复长度 53km；湿地恢复(建设)面积 $0.63km^2$
	绕阳河	胜利塘	建设龙家铺闸，生态修复河道湿地 $10km^2$	河湖缓冲带生态修复长度 13km
大辽河流域	大辽河	辽河公园	以营口为准	以营口为准

5.2　主要河流保护方案

5.2.1　辽河控制单元

辽河盘锦段共设置 3 个国控断面，分别为兴安断面（考核鞍山市）、曙光大桥断面以及赵圈河断面，3 个断面汇水区范围主要包括盘锦市兴隆台区、双台子区、大洼区和盘山县的 16 个乡镇及 22 个街道。辽河盘锦段共汇入 6 条一级支流，分别为小柳河、太平河、一统河、绕阳河、螃蟹沟和清水河。

"十四五"以稳定Ⅳ类水质为目标，通过开展城镇雨污管网及配套设施建设、河道清淤、河岸生态保护带建设等工程措施，新增污水处理能力 $7.5 \times 10^4 t/d$、建设管网 197.37km、湿地面积 $63hm^2$、河道清淤 27.5km、生态修复面积 $14.72km^2$，实现辽河盘锦段污染物有效削减，稳定 3 个国控断面为Ⅳ类水质。

（1）兴安汇水区

兴安断面是盘锦市入境断面，考核对象为辽河上游的鞍山市。根据《辽宁省水污染防治工作方案》，兴安断面目标水质为Ⅳ类水。兴安断面汇水区街道（乡、镇）组成如表 5-6 所示。

表 5-6　兴安断面汇水区街道（乡、镇）组成　　　　　单位：人

汇水范围	县区	城镇名称	人口	城镇人口	农村人口	人口总数	城镇人口总数	农村人口总数
兴安断面	大洼区	新开镇 50%	10209	2126	8083	34449	7997	26452
		于楼街道 50%	4110	4110	0			
	盘山县	坝墙子镇	20130	1761	18369			

① 问题

a. 水环境。存在不达标水体。兴安断面考核标准为Ⅳ类，2015～2017 年水质均为Ⅳ类。2018 年水质为Ⅴ类，2019 年水质为Ⅳ类。2019 年兴安断面各月水质监测数据如表 5-7 所示。兴安断面 2019 年各月水质

监测数据柱状图如图 5-2 所示。

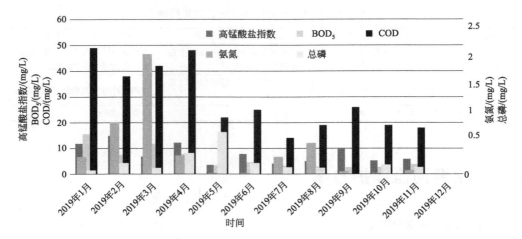

图 5-2 兴安断面 2019 年各月水质监测数据柱状图

由图 5-2、表 5-7 可以看出，兴安断面 2019 年虽然水质达标，但部分月份未达到Ⅳ类水质标准，兴安断面稳定达标存在一定压力。

表 5-7 兴安断面 2019 年各月水质监测数据　　　　　　　单位：mg/L

时间	高锰酸盐指数	BOD_5	氨氮	COD	总磷
2019 年 1 月	11.8	15.6	0.28	49	0.06
2019 年 2 月	14.9	7.5	0.84	38	0.18
2019 年 3 月	6.8	11.8	1.94	42	0.1
2019 年 4 月	12.2	7.8	0.3	48	0.34
2019 年 5 月	3.5	3.4	0.015	22	0.68
2019 年 6 月	7.8	4.6	0.015	25	0.18
2019 年 7 月	4	3.2	0.28	14	0.11
2019 年 8 月	5	2.8	0.5	19	0.1
2019 年 9 月	9.8	2.6	0.04	26	—
2019 年 10 月	5.2	2.7	0.015	19	0.15
2019 年 11 月	5.8	3.8	0.06	18	0.11
2019 年 12 月	—	—	—	—	—
Ⅳ类水质	10	6	1.5	30	0.3
均值	7.89	5.98	0.39	29.09	0.20

b. 水资源。生态流量不足。盘锦市多年平均水资源量 $3.36 \times 10^8 m^3$。2019 年，盘锦市平均降水量 741.9mm，折合为 $24.87 \times 10^8 m^3$，比多年平均值多 20%，2019 年盘锦市地表水资源量为 $2.63 \times 10^8 m^3$，比多年平均值多 10%。盘锦市水资源总量为 $3.73 \times 10^8 m^3$，比多年平均值多 10%~20%。盘锦市山丘降水入渗补给量为 0，山丘区河川基流量为 0，平原降水入渗补给量为 $1.14 \times 10^8 m^3$，平原降水入渗补给量形成的河道排泄量为 $0.04 \times 10^8 m^3$。由于水资源短缺，导致生态流量不足。盘锦市农田灌溉水有效利用系数为 0.559，虽略高于全国农田灌溉水有效利用系数，

但距离发达国家的 0.7～0.8 还有较大差距。

　　c. 水生态。水生态环境有所改善，但生态完整性指数仍需进一步提高。近年来，流域内水生物多样性逐步增加，生态恢复效果初步显现。植被数量呈上升趋势。辽河盘锦段浮游植物、浮游动物和底栖生物数量稳步提升，2018 年分别为 109 种、49 种和 44 种，尤其是辽河保护区内花鳅、沙鳅、麦穗、棒花等对水环境质量要求较高的鱼类物种丰富度明显提高，但整体仍以环境耐受性强、杂食性的小型鱼类如鲫鱼和小野杂鱼餐条、彩鳍鲅为主，缺乏大型肉食性鱼类，河流生态系统单一。

　　兴安断面流域水生态健康状况逐渐变好。兴安断面 2015～2016 年 BI 指数为 9.6（重污染），2018 年 BI 指数为 5.7（轻污染），2019 年 BI 指数为 3.0（清洁）。

　　② 成因

　　a. 水环境。城镇基础设施建设短板突出。兴安汇水区主要位于鞍山市台安县，盘锦仅有新开镇和于楼地区一部分位于兴安汇水区范围内，占整个兴安汇水区总人口的 8%，且无发放排污许可证的国控污染源企业。盘锦兴安汇水区存在的主要问题是新开镇、于楼街道均无污水处理设施，生活污水通过于家楼排灌站直排新开河，最终汇入辽河兴安断面。新开河闸口内有漂浮垃圾，排灌站南侧有多处旱厕垃圾。于家楼排灌站西侧沟渠大量生活污水直排，水体浑浊有大量垃圾并带有刺鼻味。

　　b. 水资源。水资源配置不合理、生态用水不足。从供水量来看，2019 年盘锦市供水总量为 $12.68 \times 10^8 \mathrm{m}^3$，其中地表水 $11.47 \times 10^8 \mathrm{m}^3$，地下水 $0.93 \times 10^8 \mathrm{m}^3$，其他 $0.28 \times 10^8 \mathrm{m}^3$。从用水量来看，2019 年盘锦市用水总量为 $12.68 \times 10^8 \mathrm{m}^3$，其中农田灌溉用水量 $9.84 \times 10^8 \mathrm{m}^3$，林牧渔畜用水量 $1.04 \times 10^8 \mathrm{m}^3$，工业用水量 $0.88 \times 10^8 \mathrm{m}^3$，城镇公共用水量 $0.23 \times 10^8 \mathrm{m}^3$，居民生活用水量 $0.63 \times 10^8 \mathrm{m}^3$，生态环境用水量 $0.06 \times 10^8 \mathrm{m}^3$。从水资源利用情况分析，生态用水量不足，农业用水占比较大。生态调水能力不足，补给匮乏。农村水源逐步被大伙房水库水源替代，盘锦市城市饮用水源为大伙房水库。盘锦市现有 3 处"万人千吨"饮用水源，3 处水源均为地下水水源，分别为高升地下水水源、石山地下水水源、大洼地下水水源（备用水源未启用）。

　　c. 水生态。"十三五"期间，辽河保护区实施了大规模河流湿地保护修复等系列工程，形成了辽河干流福德店至盘锦河口 538km 长、440 余 km^2 的生态廊道，使植被覆盖率由保护区划定之初的 13.7% 增至 63%。鸟类、鱼类和植物种类分别由 2011 年的 45 种、15 种和 187 种增至 2016 年的 85 种、33 种和 234 种，保护区生态系统功能恢复，并呈正向演替。

　　部分河道两侧及河道内存在行洪滩地被占，农业种植普遍存在。辽河盘锦段地区土层主要为沙土，河水冲击自然岸带土方，堤岸水土流失仍较严重。

③ 任务

a. 污染减排。新开（于楼地区）污染减排。从源头上遏制该地区污染排放，真正实现控源截污。

b. 水生态保护修复。河湖生态修复。对新开河进行生态防护、退耕还河、堤防加固等项目。

④ 项目。兴安断面汇水控制区项目如表 5-8 所示。

表 5-8　兴安断面汇水控制区项目

序号	项目名称	项目概况	计划完成年度	任务区县
1	新开（于楼地区）污水处理厂建设	项目设计污水处理量 5000t/d（一期 3000t/d，二期 2000t/d），建设污水收集管网 10km	2022	大洼区
2	新开河在线监测站建设	建设在线监测站，实时反映水环境现状	2023	大洼区
3	新开河防洪整治工程	生态防护、退耕还河、堤防加固等	2023	大洼区

原预计 2020 年完成新开（于楼地区）污水处理厂建设项目，但由于受到疫情影响，项目预计 2022 年 12 月完成。项目设计污水处理量 5000t/d（一期 3000t/d，二期 2000t/d），建设污水收集管网 10km，总投资 6500 万元，解决新开镇和于楼街道污水直排问题。同时，"十四五"期间建设新开河在线监测站，解决水环境问题。"十四五"期间，在新开河进行生态清淤、退耕还河、生态护坡、堤防加固建设，重点解决水资源和水生态问题。

（2）曙光大桥汇水区

曙光大桥断面位于辽河兴安断面下游约 50km，308 省道穿越辽河曙光大桥处，断面左岸是大洼区新兴镇，右岸是兴隆台区曙光街道。曙光大桥断面汇水区街道（乡、镇）组成如表 5-9 所示。

表 5-9　辽河盘锦市曙光大桥断面汇水区街道（乡、镇）组成　　单位：人

汇水范围	县区	城镇名称	人口	城镇人口	农村人口	人口总数	城镇人口总数	农村人口总数
曙光大桥断面	盘山县	得胜镇	16382	1936	14446	652907	566348	86559
		高升镇	28478	10622	17856			
		陈家镇	12908	2018	10890			
		吴家镇	11393	3640	7753			
	双台子区	统一镇	11175	2413	8762			
		双盛街道	11027	11027	0			
		红旗街道	19456	19456	0			
		胜利街道	36596	36596	0			
		陆家乡	11301	5142	6159			
		铁东街道	8004	8004	0			
		辽河街道	41384	41384	0			

续表

汇水范围	县区	城镇名称	人口	城镇人口	农村人口	人口总数	城镇人口总数	农村人口总数
曙光大桥断面	兴隆台区	沈采街道	13105	13105	0	652907	566348	86559
		兴海街道	35494	31876	3618			
		新工街道	21537	21537	0			
		高升街道	13105	13105	0			
		渤海街道	45671	45671	0			
		振兴街道	56966	56966	0			
		创新街道	49958	49958	0			
		兴隆街道	51021	51021	0			
		兴盛街道	30119	24613	5506			
		惠宾街道	62101	50532	11569			
		建设街道	56068	56068	0			
		新生街道	9658	9658	0			

曙光大桥控制单元汇水范围涉及盘山县、兴隆台区、双子区的 6 个乡镇，17 个街道。控制断面内汇入辽河的有小柳河、一统河、螃蟹沟、太平河、盘锦市第一污水处理厂、盘锦市第二污水处理厂、盘锦市第三污水处理厂。曙光大桥断面按照《地表水环境质量标准》Ⅳ类水质标准考核。

① 问题

a. 水环境。存在不达标水体。曙光大桥断面水质考核标准为地表水Ⅳ类。2015～2017 年水质均为Ⅳ类，2018～2019 年水质为Ⅴ类。2019 年化学需氧量指标全年平均值不满足《地表水环境质量标准》Ⅳ类水质标准，超标倍数为 0.15。2019 年曙光大桥断面各月水质监测数据如表 5-10 所示。曙光大桥断面 2019 年各月水质监测数据柱状图如图 5-3 所示。

表 5-10　曙光大桥断面 2019 年各月水质监测数据　　单位：mg/L

时间	高锰酸盐指数	BOD	氨氮	COD	总磷
2019 年 1 月	5.8	3.8	0.12	48	0.09
2019 年 2 月	21.7	14.2	1.1	67	0.2
2019 年 3 月	9	6.5	1.88	37	0.21
2019 年 4 月	7.3	6.4	3.65	46	0.31
2019 年 5 月	—	3.3	0.08	—	0.25
2019 年 6 月	8.3	4.9	1.41	27	0.25
2019 年 7 月	6.3	3.1	—	37	0.14
2019 年 8 月	7	—	1.93	38	0.29
2019 年 9 月	10.4	2.7	0.07	20	0.33
2019 年 10 月	3.2	2.2	0.13	17	0.1
2019 年 11 月	10.3	8.7	0.33	26	0.12
2019 年 12 月	4.8	2.6	0.17	28	0.07
Ⅳ类水质	10	6	1.5	30	0.3
平均	8.6	5.3	0.9	35.5	0.2

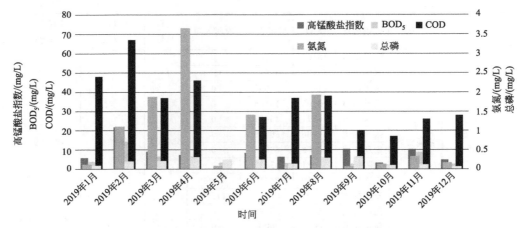

图 5-3　曙光大桥断面 2019 年各月水质监测数据柱状图

2019 年曙光大桥断面达标率仅为 33.3%，主要超标因子为 COD。螃蟹沟、清水河和太平河等主要支流河仍属于劣 V 类。但自 2019 年下半年起，总体稳定改善并趋势向好，2019 年水质达标率为 60%，同比提升40%，并全面消除劣 V 类水体。2020 年 1～7 月全市 5 个国控断面水质均达到国家考核标准要求。

盘锦市无 III 类（含）及以上水质河流，最好水质为 IV 类水质。盘锦市城市饮用水源为大伙房水库水源。农村"万人千吨"地下水饮用水源有 3 处，分别为石山、高升和大洼。3 处饮用水水源地水质稳定达标，均能达到《地表水环境质量标准》中 III 类考核标准要求。

b. 水资源。生态流量（水位）不足。辽河盘锦段没有水文站和水位站。仅在盘山县城和坝墙子镇设有降雨量站。盘锦市水资源紧缺，全市水资源总量 $3.36 \times 10^8 \mathrm{m}^3$，地表水资源总量 $2.63 \times 10^8 \mathrm{m}^3$，人均水资源量仅为 $207 \mathrm{m}^3$，不足辽河流域人均水资源量的 1/2（辽河流域人均水资源量为 $535 \mathrm{m}^3$）。全市用水总量长期维持在 $12 \times 10^8 \mathrm{m}^3$ 以上，用水总量是多年平均水资源总量的 3.6 倍。盘锦境内地表水开发利用率达到 96.2%。水资源利用中生态用水占比仅为 2.2%，生态用水严重不足。

c. 水生态。河湖生物完整性指数下降。"十二五"期间，辽河保护区实施了大规模河流湿地保护修复等系列工程，形成了辽河干流福德店至盘锦河口 538km 长、440km² 的生态廊道，使植被覆盖率由保护区划定之处的 13.7% 增至 63%。鸟类、鱼类和植物种类分别由 2011 年的 45 种、15 种和 187 种增至 2016 年的 85 种、33 种和 234 种，保护区生态系统功能恢复，并呈正向演替。

由于水资源短缺导致生态流量不足，辽河盘锦曙光大桥汇水区水生态系统受损严重，水体自净能力不足，几乎没有环境容量。此外辽河盘锦段水生态相关的科研监测尚未开展，缺乏水生态监测数据，亟须制定并实施科学有效的水生态恢复保护措施。曙光大桥断面流域水生态健康状况并不乐观，2018年BI指数为6.8，处于轻污染程度。

② 成因

a. 水环境。包括以下几点。

工业污染。虽然达标排放但排放仍为劣V类水质。企业污水处理厂尾水排放对水环境有影响。以曙光大桥为例，其受纳的工业企业污水厂尾水及其执行标准：盘锦高新技术开发区污水厂、辽宁北方新材料产业园区污水厂、双台子（华锦）精细化工塑料产业园污水厂执行一级A标准；辽河石化分公司污水处理厂、华锦集团污水处理厂、鼎翔污水处理厂执行辽宁省地方排放标准（劣V类）。

城镇污染。基础设施建设短板突出。城镇生活源对水环境有影响。盘锦市国控断面中，曙光大桥断面水质较差。盘锦市共三座城市污水处理厂 25×10^4t 尾水全部进入曙光大桥断面，在2018年以前，污水处理厂出水标准为二级标准或者一级B标准，对断面水质影响较大。2019年后，出水提标一级A后，污水厂尾水仍属于劣V类水质。鼎翔地区生活污水处理厂和临时处理设施外排水约3000t/d，执行《城镇污水处理厂污染物排放标准》（GB 18918—2002）一级B标准（化学需氧量标准为60mg/L），排污口距离曙光大桥断面约1.8km，污染物难以稀释净化至地表水IV类标准；辽河干流沿河的盘锦市老城区为雨污合流排水，强降雨时存在污水溢流现象，具体包括螃蟹沟17个雨污合流泵站；双台子区小柳河林丰路泵站、辽河干流八一泵站和南迁泵站；一统河谷家和魏家泵站。

农业农村污染。种植业污染。盘锦畜牧养殖业较少，稻田种植业发达，农田退水对水环境的影响较大。盘锦境内有13条引水总干，200条引水干渠，1500条引水支渠，33000条引水斗毛渠，32条排水总干，232条排水干渠，106条排水支渠。大量的上游IV类来水，经过上述沟渠进入农田系统后最终排出形成农田退水，规划编制组3次监测盘锦地区下水线中农田退水水质，均为V类水质，超标因子主要是COD和氨氮，对河流断面影响较大。

上游来水较差，无山丘清洁水补给，环境容量小。盘锦辽河入境兴安断面即为IV类水质，且不能稳定达标。2019年兴安断面有5个月不能达到IV类水质，2019年兴安断面COD年均值为29.09mg/L（IV类水质为30mg/L），再加上生态流量小，导致辽河盘锦段环境容量小。

b. 水资源。2019年盘锦林牧渔业用水量占盘锦市用水总量的8.03%，达到 0.988×10^8m³，仅次于沈阳和大连，为全省第三。这其中主要是河蟹为主的水产养殖。

2019年盘锦工业用水量占盘锦市总用水量的7.04%，达到 0.866×10^8m³，全省排名第八。工业增加值用水量低于全省平均水平。由于盘锦水资源供给量和水资源使用量上的巨大缺口，盘锦生态水几乎无从谈起。

盘锦西部的丰屯河等辽河二级支流在从入境断面甚至出现季节性断流。

c. 水生态。河湖水系连通性差。盘锦野生河蟹洄游通道被拦截。20世纪60年代末，由于大规模农业垦殖开发，开始兴建防洪治涝工程——修堤建闸，拦蓄辽河水，灌溉农田，同时也拦截了天然河蟹的洄游路线，拦河闸上游河蟹开始绝迹。随后，盘锦大小河流都修建了拦河闸堤，天然河蟹所有的繁衍之路均被截断，河蟹数量锐减。

水生态监测预警体系尚不完善。水生态监测工作尚为空白，对于辽河盘锦段河蟹、刀鲚、鲈鱼等洄游鱼类缺乏物种资源分布本底调查，缺少水生态基础数据。目前环保部门主要专注水环境监测，水利部门主要专注水文监测，农业农村局对水生生物的监测至今没有开展，盘锦市尚未形成水环境、水资源和水生态统筹的监测体系。

③ 任务

a. 污染减排。全面提升城镇污染治理。推进污水治理工程，扩建城市污水处理厂，解决现有污水处理厂满负荷运行问题；增加城郊无管网地区小型污水处理设施建设；推进城市管网和提升泵站改造，最大程度避免污水随暴雨直排入河。

实施入河排污口排查整治。以排污口设置为抓手，鼓励企业提高污水处理标准，通过尾水表流湿地净化、尾水河道曝气等工程技术手段进一步降低企业尾水排放浓度。

强化农业农村污染防治。落实农药化肥减量化工作，提升农村生活污染治理水平。通过实施精准测报、精准施药、优化农药使用结构、实施化学农药替代、推行专业化统防统治与绿色防控融合发展等措施，减少农田用药概率，降低水系污染概率。同时，抓好测土配方施肥和耕地质量保护与提升工作；积极探索有机养分资源利用的有效模式，加大支持力度，鼓励农民增施有机肥，降低种植业对河流水质的影响。

b. 水资源保障。转变高耗水方式。盘锦市目前水资源的主要问题是生态用水量不足，农业用水占比较大。受地理位置影响，盘锦水资源供给量很难在短期内显著提升。盘锦市农田灌溉和水产养殖用水占盘锦总用水量的近90%。盘锦农田灌溉水有效利用系数为0.559，虽然高于全国平均水平（0.532），但远低于世界先进水平（0.7~0.8）。提高农业用水利用率仍是近期盘锦解决水资源供给不足的主要方向。同时，万元工业增加值用水 $10.93m^3$，与天津（$7.7m^3$）和青岛（$5.4m^3$）等先进地区相比仍有一定差距，减少万元工业增加值用水量是"十四五"期间水资源管理的主要方向之一，计划到2025年，辽河控制单元内生态流量达到 $8.89m^3/s$。

c. 水生态保护修复。增加水生态环境基础研究。开展盘锦地区水生态调查，摸清水生态底数，明确不同河段刀鲚、中华绒螯蟹种群数量，把水生态环境保护从"定性"转为"定量"，从而使保护工程更具科学性，更有针对性。

湿地恢复与建设。在"十三五"已有工作的基础上，进一步实施退养还湿工程。重点拆除河道内的养殖堤坝、河闸、看护房等设施。人工恢复湿地生态环境，打通中华绒螯蟹迁徙通道，加快河蟹种群自然繁育，保护河蟹种质资源。

④ 项目。曙光大桥断面汇水控制区项目如表 5-11 所示。

表 5-11　曙光大桥断面汇水控制区项目

项目名称	项目概况	计划完成年度	任务区县
辽河干流河道综合整治工程	河道清淤疏浚	2023	盘山县 兴隆台区 双台子区 大洼区
螃蟹沟下游支流河生态修复工程	生态防护	2022	兴隆台区
一统河南岸生活污水收集治理工程	为解决一统河南侧平房区居民生活污水集中收集排放问题，建设 DN300 钢筋混凝土排水管	2022	双台子区
谷家泵站雨污分流改造工程	包括建设 4 台雨水泵站，单台流量：1.5m³/s，格栅除污机、启闭机、格栅池、泵池、压力水池、供配电间、控制系统及控制室	2022	双台子区
辽河干流双台子区段河道生态建设	辽河干流双台子区段河道生态修复 2.2 万亩	2022	双台子区
南迁、八一泵站提升改造工程	八一泵站段明排沟渠宽 10m，长 200m，污泥深度 1.3m；南迁泵站明排沟渠宽 8m，长 180m，污泥深度 1.3m。计划清淤 2×10^4 m³，拟铺设 DN2000 预制钢筋混凝土管线	2022	双台子区
谷家村管网收集工程	敷设 DN600 管网，将污水收集至红旗大街市政污水排水管内	2022	双台子区
辽河双台子区段谷家湿地生态修复及水质净化项目	一统河水质净化提升及河口湿地生态修复工程、盘锦市第二污水处理厂湿地水质净化提升工程	2022	双台子区
光伟闸前端生活污水整治工程	小柳河光伟闸前端新建污水收集管网及一座容积为 50m³ 的调节池。将林场区域和城建沥青厂区域的生活污水收集至调节池，每 3d 将调节池的污水泵至中新线污水管线，新建管线长度约 100m，管径 300mm，检查井 3 座	2022	双台子区
一统河河道曝气工程	中华路桥断面前河底设置固定式充氧曝气设施	2022	双台子区 盘山县
太平河河道清淤工程	根据勘测对河道进行适当清淤	2023	双台子区 盘山县
太平河河道曝气工程	新生桥断面前河底设置固定式充氧曝气设施	2023	双台子区 盘山县
前锋社区污水治理工程	在双绕河前锋社区排污口新建小型污水处理设施，处理规模为 45m³/d，出水指标达一级 B 标准	2022	双台子区
老城区排水管网清淤工程	老城区排水管网清淤工程：对老城区内 120km 排水管网进行清掏(清掏、运输、污泥无害化处理、填埋)，避免管网堵塞造成的雨污混流泵站溢流污染	2023	双台子区

项目名称	项目概况	计划完成年度	任务区县
陆家村污水处理站及配套管网建设	包括土建工程、设备购置及安装工程、站内绿化工程以及纳污范围内配套的污水管网工程。新建一体化 A^2/O 污水处理站 2 座；敷设污水收集主管网 19.5km，入户支管网 12.5km	2022	双台子区
友谊村污水处理站及配套管网建设	包括土建工程、设备购置及安装工程、站内绿化工程以及纳污范围内配套的污水管网工程。新建一体化 A^2/O 污水处理站 1 座；敷设污水收集主管网 5.5km，入户支管网 7.5km	2022	双台子区
新农村污水处理站及配套管网建设	包括土建工程、设备购置及安装工程、站内绿化工程以及纳污范围内配套的污水管网工程。新建一体化 A^2/O 污水处理站 6 座；敷设污水收集主管网 21.5km，入户支管网 11.5km	2022	双台子区
宋家村污水处理站及配套管网建设	包括土建工程、设备购置及安装工程、站内绿化工程以及纳污范围内配套的污水管网工程。新建一体化 A/O 污水处理站 7 座；敷设污水收集主管网 18.5km，入户支管网 8.5km	2022	双台子区
一统河（盘山段）综合治理工程	清淤长度 13km。清淤疏浚土方量为 $53.33×10^4m^3$，微地形土方量为 $2.40×10^4m^3$；两岸滩地进行生态建设，修建生态廊道（生态修复）$12×10^4m^2$，一统河修建堤顶人行步道 $3.6×10^4m^2$，在堤脚外空闲地带，栽植乔木辽宁杨，起到稳定河势作用。水工建筑物维修改造水闸 8 座	2022	盘山县
小柳河（盘山段）综合治理工程	河道疏浚 6km，清运土方 $18×10^4m^3$，生态绿化 270 亩，护堤林种植 2 万株，水生态净化植物 60 亩，沙基防渗 5.3km	2022	盘山县
金城路排水管线修复工程	盘宇街至金城路泵站，雨污水管线修复工程，实现部分区域雨污分流	2023	双台子区
二污截流干管修复工程	辽河路至中华路西，污水管线修复工程。实现部分区域雨污分流	2022	双台子区
谷家排水检查井建设工程	在污水沟上砌筑一座矩形检查井，采用 600mm 直径承插式钢筋混凝土管接入红旗大街污水排水管网内	2022	双台子区
精细化工产业园区新建污水管网	精细化工产业园区新建污水管网，总长度约延长 7170m，平均管径 2~2.5m	2023	双台子区
一统河污水直排治理	莲花寺泵站新建污水管网，总长度约 0.5km，管径 DN300，将莲花寺泵站污水经管网引至益工街市政管网，最终进入二污进行处理。包括管道开挖及回填、管网施工及安装（管线道路穿越）、施工破坏路面修复等	2022	双台子区
常家村生活污水治理工程	敷设 DN200 的污水收集管网将 383 户居民的生活污水收集至污水收集主管网，然后接入市政污水管网，敷设污水主管网 0.3km，最终进入二污进行处理。包括管道开挖及回填、管网施工及安装、施工破坏路面修复等	2022	双台子区
常家湿地	湿地内水系连通，清理圩堤 $3.6×10^4m^3$，修建贯彻廊道 $0.5×10^4m^2$，种植水生植物 150 亩，新建进水和出水闸 2 座	2022	双台子区
陆家湿地	湿地内水系连通，清理圩堤 $6×10^4m^3$，修建贯彻廊道 $1.65×10^4m^2$，种植水生植物 550 亩，新建进水和出水闸 4 座	2022	兴隆台区
东地村湿地	湿地内水系连通，清理圩堤 $5.5×10^4m^3$，修建贯彻廊道 $0.9×10^4m^2$，种植水生植物 200 亩，新建进水和出水闸 2 座	2022	兴隆台区

续表

项目名称	项目概况	计划完成年度	任务区县
兴隆台区水系连通建设项目	渠道、泵站、衬砌	2022	兴隆台区
一统河控源截污工程	建设 13 座污水处理站，敷设污水收集管网 42.3km	2022	盘山县双台子区
一统河河流水域生态修复工程	对一统河 305 国道桥至谷家闸区段进行生物浮床的建设，建设面积为 $1.7×10^4 m^2$	2024	盘山县双台子区

为解决控制单元汇水区水质达标不稳定、城镇生活源污染、河湖水系连通性差等问题，开展污水厂建设、城镇雨污管网及配套设施建设、水系连通等工程。

（3）赵圈河汇水区

赵圈河断面位于兴辽路赵圈河大桥上，是辽河入海前的最后一个断面。赵圈河断面距离辽河曙光大桥断面仅 22km，属于感潮河段。曙光大桥至赵圈河断面之间有绕阳河、清水河汇入。赵圈河断面汇水区街道（乡、镇）组成如表 5-12 所示。

表 5-12　赵圈河断面汇水区街道（乡、镇）组成　　单位：人

汇水范围	县区	城镇名称	人口	城镇人口	农村人口	人口总数	城镇人口总数	农村人口总数
赵圈河断面	盘山县	羊圈子镇	19096	5588	13508	315323	167815	147508
		石新镇	14992	7052	7940			
		东郭镇	17664	9751	7913			
	兴隆台区	欢喜街道	10678	10678	0			
		平安街道	11289	11289	0			
		锦采街道	7419	7419	0			
	大洼区	新兴镇	20989	5756	15233			
		田家街道	32617	17402	15215			
		新立镇	17582	2858	14724			
		赵圈河镇	9919	7248	2671			
		清水镇	22194	7005	15189			
		大洼街道	68556	60910	7646			
		唐家镇	23462	396	23066			
		向海街道	17353	7729	9624			
		榆树街道	21513	6734	14779			

① 问题

a. 水环境。存在不达标水体。赵圈河断面 2015～2019 年断面主要监测数据均值均满足《地表水环境质量标准》Ⅳ类水质标准。赵圈河断面 2019 年水质监测数据如表 5-13 所示。赵圈河断面 2019 年各月水质监测数据柱状图如图 5-4 所示。由图表可知部分月份化学需氧量不达标。8 月份因为连续降雨，不符合采样条件，所以没有进行监测。

表 5-13　赵圈河断面 2019 年水质监测数据　　　　　　单位：mg/L

时间	高锰酸盐指数	BOD$_5$	氨氮	COD	总磷
2019 年 1 月	—	—	—	—	—
2019 年 2 月	—	—	—	—	—
2019 年 3 月	—	—	—	—	—
2019 年 4 月	6.9	5.4	1.21	33	0.19
2019 年 5 月	5.8	1.4	0.38	—	0.11
2019 年 6 月	7.8	4.2	0.26	37	0.28
2019 年 7 月	7.3	1.6	0.14	—	0.09
2019 年 9 月	4.4	2.1	0.16	27	0.13
2019 年 10 月	4	3	0.17	29	0.13
2019 年 11 月	8.9	3.6	0.03	27	0.09
2019 年 12 月	5.5	3.3	0.2	24	0.26
Ⅳ类水质	10	6	1.5	30	0.3
均值	6.33	3.08	0.32	29.50	0.16

注：—为冰封等原因无监测数据。

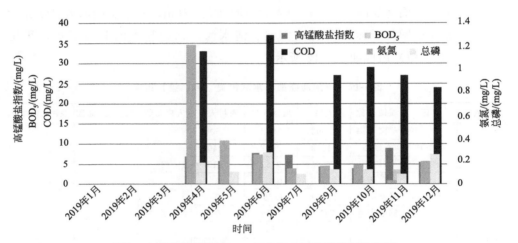

图 5-4　赵圈河断面 2019 年各月水质监测数据柱状图

赵圈河断面按照Ⅳ类水质考核。2015～2019 年赵圈河断面均达到Ⅳ类水质标准。虽然 2019 年赵圈河断面达标，但非常勉强，2019 年前三季度赵圈河断面 COD 均值为 32mg/L，第四季度在盘锦市政府和盘锦市环境保护局的强力措施和自然降雨较多的共同影响下，辽河赵圈河断面勉强达标。可见赵圈河达标的压力非常大。

b. 水资源。生态流量（水位）不足。盘锦市农田灌溉水有效利用系数为 0.559，虽略高于全国农田灌溉水有效利用系数，但距离发达国家的 0.7～0.8 还有较大差距。

赵圈河汇水区的大洼水源地达到Ⅲ类水质标准。大洼水源地是农村"万人千吨"水源。大洼水源地位于盘锦市大洼区大洼镇，水源类型是地下水，共有 4 口井。工程设计水量 $0.57 \times 10^4 \, m^3/d$，目前处于"冷备"状态，不向居民供水。由大洼区供水公司负责运营，供水人口 4.4 万。开采层位为第三系馆陶组含水层，岩性为中粗砂含砾。地下水位−58m。含水层厚度 100～200m。地下水属承压水类型。目前大洼水源地已经停用，赵圈河汇水范围内全部使用大伙房水库水源，大洼水源地处于"冷备"状态。

c. 水生态。"十三五"期间盘锦辽河口区域河蟹物种丰富度明显提高，但与 20 世纪 70～80 年代相比，差距仍十分显著。

赵圈河断面下游河岸右侧区域为辽河口国家级自然保护区，保护区原来由辽河保护区管理局（省政府直属正厅级单位）管理。2016 年辽河凌河保护区管理局改革后，由盘锦市自然资源局（盘锦市林湿局）归口管理。在保护区范围内目前尚未开展刀鲚、中华绒螯蟹等重点保护物种的资源调查工作，对于保护区范围内水生生物资源缺少本底数据。

② 成因

a. 水环境。包括以下几点。

农业农村污染、种植业污染。盘锦是水稻种植大市，每年开春洗地、泡地，每年夏季农田退水的 COD、氨氮和总磷指标普遍超过《地表水环境质量标准》（GB 3838—2002）Ⅳ类水质标准。对河流水质达标产生不利影响。

上游与汇入支流来水水质较差。赵圈河断面位于曙光大桥断面下游 22km 处，期间主要汇水口为绕阳河和清水河，也就是说决定赵圈河断面水质的 3 处来水，分别为曙光大桥来水、绕阳河来水、清水河来水。3 处来水均不能稳定达到《地表水环境质量标准》（GB 3838—2002）Ⅳ类水，导致赵圈河断面达标压力较大。

b. 水资源。缺水地区存在高耗水生产方式。盘锦地处辽河下游平原地区，地表水水资源供给量受降雨和上游两方面限制。2020 年 4 月和 6 月辽河闸未向下游盘锦市区放水。2019 年绕阳河入盘锦王回窝铺断面出现 8 个月的断流。辽河《辽宁省水资源公报》显示，2019 年盘锦市年降雨量、地表水资源量、山丘区降水渗补量、山丘区河川基流量、平原区降水入渗补给量形成的河道泄洪量、水资源总量、多年平均水资源总量均为全省最低。盘锦自然地理位置决定了盘锦水资源短缺。

盘锦市拥有大洼和盘山 2 个大型灌区，农业用水量大。2018 年盘锦市农田灌溉用水量占盘锦市用水总量的 87%。2019 年盘锦农田灌溉用水量占盘锦用水总量的 74%，达到 $9.34\times10^8 m^3$，仅次于沈阳的 $13.19\times10^8 m^3$，为全省第二。

c. 水生态。油田开发导致天然湿地斑块化。20 世纪 70 年代开始，石油开发和现代工业逐步发展、农药广泛使用、围海养殖业快速发展，直接导致天然植被大面积损毁，鸟类栖息和觅食地面积大量减少，近岸天然湿地斑块化，严重破坏了辽河口滨海湿地生态环境和天然河蟹生存的生态环境。到 20 世纪 80 年代中期以后，盘锦的河汊沟渠已经钓不到天然河蟹。

③ 任务

a. 污染减排。强化农业农村污染防治。加强养殖污染防治。建设大洼区畜禽粪污收集中心，建设散养畜禽粪污移动箱，完善相应运输车辆设备，提高畜禽养殖粪污的资源化利用和污染治理设施水平。

推进种植污染管控。对大洼灌区开展回收农药包装袋措施，鼓励农户使用农家肥、商品有机肥，逐步增加农田有机肥施用量，拓宽低毒、低残留农药使用范围和精准施药，降低区域农药施用量和减少农药包装袋经雨水流入河道的频次。

提升农村生活污染治理水平。在大洼区范围内全面实施"厕所革命"，进行农村户厕所改造，完善村污水收集建设项目，减少因居民生活污水直排导致污染物入河的现象发生。

计划开展本底调查项目。2008 年，盘锦市申建了双台子河口海蜇中华绒螯蟹国家级水产种质资源保护区，保护区主要范围是：双台子河闸以下河段、绕阳河军属屯站以下河段、月牙河小板桥村以下河段、西沙河青年水库以下河段。盘锦市海洋与渔业局成立了保护区管理机构（水产种质资源保护区管理站）负责该保护区的日常管理，严厉打击非法捕捞、电鱼等违法行为，并每年开展河蟹的放流增殖活动。但目前盘锦市并未开展本底调查类项目，拟计划"十四五"期间开展此类项目。

b. 水生态保护修复。加强支流河整治。绕阳河和清水河对断面水质影响较大，加大支流河整治力度，确保支流河入干水质稳定达到《地表水环境质量标准》（GB 3838—2002）Ⅳ类水质标准。

④ 项目。赵圈河控制单元项目如表 5-14 所示。

表 5-14   赵圈河控制单元项目

序号	项目名称	建设规模	计划完成年度	任务区县
1	平安排水总干综合治理工程	清淤疏浚、生态防护、接官厅挡潮闸改造等	2024	大洼区
2	接官厅排干综合治理工程	生态防护、堤防加固、挡潮闸改造等	2024	大洼区
3	清水河水环境综合整治工程	田家污水处理厂建设、新兴镇污水处理厂建设、清水河清淤生态堤岸建设	2024	大洼区

为解决汇水区内水环境质量不达标、河道生态流量不足、河湖水系连通性差等问题，开展绕阳河水环境综合整治、清水河水环境综合整治、平安排水总干生态修复、接官厅排干生态修复等工程措施。

5.2.2   绕阳河控制单元

绕阳河源于辽宁省阜新蒙古族自治县境内的察哈尔山，往东南流经新民、黑山、辽中、台安等县，在高升镇后屯入盘山县境，经大荒、胡家、太平、新生汇入辽河。总流域面积 10360km²，河长 290km。盘锦市境内流域面积 868km²，河段长 71km。绕阳河共有 6 条一级支流河，分别为：东沙河、庞家河、羊肠河、西沙河、月牙河、丰屯河。

绕阳河胜利塘断面位于兴隆台区曙光街道，308 省道胜利塘大桥处。上游接纳盘山县污水处理厂、浩业化工、北方新材料产业园、曙光污水处理厂外排水。胜利塘断面下游 1.9km 处有锦盘河汇入，最终汇入辽河，流经赵圈河断面。其汇水区街道（乡、镇）组成如表 5-15 所示。

表 5-15　胜利塘断面汇水区街道（乡、镇）组成　　　　单位：人

汇水范围	县区	城镇名称	人口	城镇人口	农村人口	人口总数	城镇人口总数	农村人口总数
胜利塘断面	盘山县	甜水镇	16242	1341	14901	95433	45617	49816
		胡家镇	28511	7089	21422			
		太平镇	29957	16464	13493			
	兴隆台区	友谊街道	8202	8202	0			
		曙光街道	12521	12521	0			

（1）问题

① 水环境。存在不达标水体。绕阳河胜利塘断面 2015 年、2016 年均能达到Ⅳ类水质，2017～2018 年均为Ⅴ类。2019 年受到胜利塘大桥维修影响，仅枯水期的 4 月份监测 1 次，主要污染物 BOD_5 8.2mg/L，总磷 0.38mg/L，超过《地表水环境质量标准》（GB 3838—2002）Ⅳ类水质标准。

② 水资源。生态流量（水位）不足。绕阳河入境断面常年断流，2019 年绕阳河入盘锦的王回窝棚断面仅有 2 个月有流量，其他月份均无流量。绕阳河支流丰屯河入盘锦境前断流，入境后受农田退水补充逐渐形成径流。

绕阳河控制单元内有 2 个"万人千吨"地下水源地，分别为石山地下水源地和高升地下水源地，均达到Ⅲ类水质标准。石山水源地位于盘锦市盘山县石新镇，水源类型是地下水，共有 12 口井。工程设计水量 $5×10^4 m^3/d$，实际取水量约 $0.306×10^4 m^3/d$，由盘锦中法供水有限公司负责运营管理。主要供兴隆台区郊区农村生活饮用水，供水人口 26 万。1989 年 12 月竣工，预计使用 50 年。开采层位为第四系平原组含水层，含水层岩性为粗砂含卵砾石，含水层厚度为 60～80m。水位埋深 5～7m。地下水属潜水类型。高升水源地位于盘锦市盘山县高升镇，水源类型是地下水，共有 22 口井。工程设计水量 $6×10^4 m^3/d$，实际供水量约 $0.79×10^4 m^3/d$，由盘锦中法供水有限公司负责运营管理。供水人口 21 万。1997 年投入运行，预计使用 50 年。开采层位为第四系平原组含水层，含水层岩性为灰白色中细砂、中砂、粗砂，以中砂为主，含水层厚

度为 65～120m。地下水位－3.36m，含水层底板埋深为 95～128m。

③ 水生态。河湖自净能力降低。由于水资源短缺导致生态流量不足，河流水生态系统脆弱，水体自净能力不足。绕阳河支流河之间缺乏连通，支流河之间无法调水。中华绒螯蟹等洄游生物无法达到支流河。此外，绕阳河缺乏水生态监测数据和全面有效的水生态改善措施。

④ 水环境风险。绕阳河生态塘汇水区是辽河油田曙光采油厂的主采区。区域内油井、输油管道星罗棋布。从风险防控的角度来看，辽河油田曙光采油厂是胜利塘汇水区内重要的风险源。

（2）成因

① 水环境。包括以下几点。

城镇污染。基础设施建设短板突出。绕阳河流经的盘山县有人口 22.58 万（2013 年数据），其中有 2/3 的人口位于绕阳河流域，人均污水产生量 15L/d 计算，流域内产生污水量约为 2.26×10⁴t/d。盘山县污水处理厂设计能力仅为 1×10⁴t/d，而且还没有满负荷运行，减去流域内已经建设的乡镇污水处理规模和村级污水处理设施（运行均不稳定）的处理规模，也就是说理论上每天仍有 1×10⁴t 的生活污水未经处理，以散排方式排放，随地表径流流入绕阳河或其支流，最终造成绕阳河河流水体污染。

农业农村污染。种植业面源污染。绕阳河沿岸耕地较多，农田化肥超量使用现象普遍存在，亩均化肥施用量 34kg，远高于世界平均水平（8kg/亩），面源基本无治理措施，污染严重。初步估算，2016 年氨氮排放总量约 102.11t/a，总磷 19.94t/a，COD 1.95×10⁴t/a。化肥过量施用、盲目施用等问题，带来了种植成本的增加和环境的污染，亟须改进施肥方式，提高肥料利用率，减少不合理投入，保障粮食等主要农产品有效供给，促进农业可持续发展。

农业农村污染。水产养殖业污染。绕阳河和西沙河河道内有大量养殖塘，这些养殖均会定期排放水。规划编制组通过现场监测，养殖塘排水均为劣Ⅴ类水质，对绕阳河和西沙河影响很大，尤其是对西沙河影响很大。西沙河沿河没有大型居民集聚区，西沙河水主要由养殖排水和农田退水组成。多月监测结果显示，西沙河流水质经常为劣Ⅴ类水质。

入河尾水虽达标排放，但水质均为劣Ⅴ类。绕阳河接纳了境外沟帮子镇污水处理厂尾水、曙光采油厂污水处理厂尾水、曙光七分厂污水处理厂污水、盘锦监狱、公安局等企事业污水处理设施的污水。这些污水处理厂尾水虽然达到了《城镇污水处理厂污染物排放标准》一级 A 标准或者《辽宁省污水综合排放标准》，但均为劣Ⅴ类水质，由于河水缺少清洁生态水，水体自净能力差，造成水体中 COD 和氨氮浓度持续走高。以绕阳河胜利塘断面为例，枯水期断面尾水和面源散排水生活污水占断面总水量的 50% 以上。

入境河流水质较差，缺少清洁生态补水。绕阳河一级自然支流河有 6

条，分别为东沙河、庞家河、羊肠河、西沙河、月牙河、锦盘河。二级自然支流河有 5 条，分别是张家沟、鸭子河、大羊河、锦盘河、西鸭子河，这 11 条河均为从锦州境内进入盘锦的跨境河流。10 条河流中 2 条季节性断流，其他 8 条均为 V 类或者劣 V 类水质，对绕阳河水质（Ⅳ类水）没有提升，只有降低。

② 水资源。水资源配置不合理、生态用水不足。绕阳河上游来水很少，绕阳河入境断面常年断流，2019 年绕阳河入盘锦的王回窝棚断面仅有 2 个月有流量，其他月份均无流量。绕阳河支流丰屯河入盘锦境前断流，入境后受农田退水补充逐渐形成径流。盘锦绕阳河上游红旗湖主要依靠西绕河调水，绕阳河上游段的主要作用也是农田灌溉。受自然条件影响，绕阳河流域内水资源严重短缺，目前水资源开发利用率已接近 60%，超过国际公认的 40% 警戒线。绕阳河一闸和二闸几乎不向下游放水，中下游河段内几乎全部为农田退水，水产养殖排水，污水处理厂排水，没有任何清洁生态补水。

③ 水生态。侵占水生态空间。河岸缓冲带农业种植和坡耕地普遍存在，河滨缓冲带破坏，生态系统功能降低，导致水源涵养和污染阻控能力降低。绕阳河盘锦段上游红旗水库常年没有下泄流量，导致下游水系无法连通，区域水系流动性差，源头部分河段断流。水生态监测工作尚未开展，目前的水环境监测仅局限在重点断面的水质监测方面，尚未形成完善的生态监测体系。

④ 水环境风险。绕阳河盘锦段与京沈高速、盘海营高速多次交叉。公路运输带来的交通事故造成的有毒有害危险品泄露到河道的水环境风险较大。另外辽河油田曙光采油厂主要位于绕阳河流域，油田生产事故是绕阳河水环境潜在风险之一。

（3）任务

针对汇水控制区内、农业农村污染较为严重、生态流量不足、敏感生态空间侵占等问题，开展污水处理基础设施建设、河道综合整治生态护岸和湿地建设等任务措施。

① 污染减排。全面提升城镇污染治理。加强乡镇生活污染治理基础设施建设，完善污水收集管网等基础设施建设。加快盘山县污水处理厂改扩建和配套管网工程建设，推进曙光采油厂生活区污水管网和处理设施建设。

实施入河排污口排查整治。强化曙光采油厂污水处理设施尾水生态净化，进一步提升入河水质。强化农业农村污染防治。推进种植污染管控，根据化肥、农药施用强度现状及需求量，结合畜禽养殖废弃物资源化利用任务要求，提出农田化肥、农药减施、推广有机肥等任务。

管理部门应明确河道土地属性，适时清退河道内非法占用滩地养殖的鱼塘、虾圈、蟹塘。

② 水资源保障。调控调度闸坝、水库。加强绕阳河水资源保障，调

控红旗水库闸坝和龙家铺闸的下泄流量，加强河湖连通工程建设，完善区域再生水循环利用体系，通过西绕排干调辽河水入绕阳河，保障生态用水，计划到 2025 年，绕阳河控制单元胜利塘断面生态流量达到 $0.73 m^3/s$，保证全年不断流。

③ 水生态保护修复。湿地恢复与建设。加强水生态保护修复工程建设。在绕阳河流域建设湿地工程、河湖水系连通、水生生物完整性恢复等工程建设。在西沙河入干河口建设生态湿地。

④ 水环境风险防控。突发风险防控。加强高速公路危险运输品管理。加强沿河辽河油田及相关企业的环境风险防控。

（4）项目

绕阳河胜利塘断面汇水控制区项目如表 5-16 所示。

表 5-16 绕阳河胜利塘断面汇水控制区项目

序号	项目名称	项目概况	计划完成年度	任务区县
1	绕阳河河道综合整治	河道清淤疏浚	2024	盘山县
2	盘山县水系连通工程	月沙连通工程、丰锦连通工程、锦鸭连通工程、锦羊连通工程、羊月连通工程、环村水系工程	2022	盘山县
3	月沙连通河清障清淤工程	月牙河清淤，西沙河清淤	2022	盘山县
4	盘山县河流清淤疏浚工程	丰屯河、锦盘河、大羊河、西鸭子河、月牙河清淤	2022	盘山县
5	双绕河河流缓冲带生态保护修复工程	双绕河双台子区段自中华北路桥至外环桥下游200m处，两岸建设乔灌草相结合的河流缓冲带，建设面积为：$12.8×10^4 m^2$，石笼护坡，建设面积为 $2.56×10^4 m^2$	2023	兴隆台区
6	秃尾村污水治理工程	在双绕河铁路沿线东侧三角地带秃尾村建设两座容积为 $30 m^3$ 的调节池，将三角地带秃尾村加振兴社区的生活污水收集至调节池，通过污水提升泵和污水管道将污水排入市政管网	2023	兴隆台区
7	曙光社区污水治理工程	在双绕河南岸曙光社区新建小型污水处理设施，处理规模为90m³/d，出水指标达一级 A 标准，同时建设景观厕所 2 座；双绕河北岸宋家村建设沉降池 1 座，收集生活污水沉降处理后溢流入双绕河，同时建设景观厕所 1 座	2023	兴隆台区
8	小型河流综合治理工程	西绕河清淤 8.5km，清运土方 $4.25×10^4 m^3$，生态绿化 100 亩，生态廊道 $2.55×10^4 m^2$；双绕河清淤 10.5km，清运土方 $21×10^4 m^3$，生态绿化 180 亩，生态廊道 $6.3×10^4 m^2$，沟盘河清淤 2.2km，清运土方 $2.2×10^4 m^3$，生态绿化 100 亩，修建生态廊道 $0.66×10^4 m^2$	2022	盘山县
9	加强西绕排干调水能力建设	提升泵站维修改造	2022	盘山县

为解决汇水区内农业农村污染重、河道生态流量不足、城镇雨污管网建设不完善等问题，开展污水管网改造、河道综合整治、生态护岸等 9 项工程措施。

5.2.3　大辽河控制单元

辽河公园断面汇水区街道（乡、镇）组成如表 5-17 所示。

表 5-17　辽河公园断面汇水区街道（乡、镇）组成　　单位：人

汇水范围	县区	城镇名称	人口	城镇人口	农村人口	人口总数	城镇人口总数	农村人口总数
辽河公园断面	盘山县	沙岭镇	38087	5600	32487	200815	58606	142209
		古城子镇	19946	2726	17220			
	大洼区	新开镇50%	10208	2126	8082			
		于楼街道50%	4109	4109	0			
		东风镇	23343	5032	18311			
		西安镇	25748	2945	22803			
		平安镇	19356	2850	16506			
		田庄台镇	26509	14378	12131			
		二界沟街道	8101	8101	0			
		荣兴街道	15822	8442	7380			
		荣滨街道	9586	2297	7289			

（1）问题

① 水环境。存在不达标水体。大辽河辽河公园是营口市考核断面，盘锦市仅大洼区和辽东湾新区部分社区位于该汇水区范围内。辽河公园断面 2015～2018 年均能达到Ⅳ类水质。2019 年 4 月～2020 年 3 月辽河公园断面水质监测数据如表 5-18 所示。

表 5-18　辽河公园断面 2019 年 4 月～2020 年 3 月水质监测数据　　单位：mg/L

项目	高锰酸盐指数	BOD_5	氨氮	COD	总磷
2019 年 4 月	5	4.6	0.76	—	0.12
2019 年 5 月	4.4	1.1	1.99	—	0.13
2019 年 6 月	3.7	0.6	0.19	—	0.23
2019 年 7 月	5.2	2.9	0.015	—	0.18
2019 年 8 月	4.8	2.4	0.49	—	0.25
2019 年 9 月	4.2	1.9	0.24	28	0.18
2019 年 10 月	4.8	1.3	0.24	—	0.17
2019 年 11 月	4.7	1.4	0.19	—	0.18
2019 年 12 月	7.5	—	0.83	—	0.258
2020 年 1 月	7.5	1.4	0.83	28	0.258
2020 年 2 月	5.3	1.4	1.97	28	0.183
2020 年 3 月	5.3	1.4	1.97	28	0.183
Ⅳ类水质	10	6	1.5	30	0.3

辽河公园断面 2019 年 4 月～2020 年 3 月水质监测数据柱状图如图 5-5 所示。辽河公园断面存在部分月份氨氮不达标情况。

② 水资源。生态流量（水位）不足。盘锦市农田灌溉水有效利用系数为 0.559，虽略高于全国农田灌溉水有效利用系数，但距离发达国家的 0.7～0.8 还有较大差距。

③ 水环境风险。通过检索公开发表的论文，得出大辽河河口地区镉元素

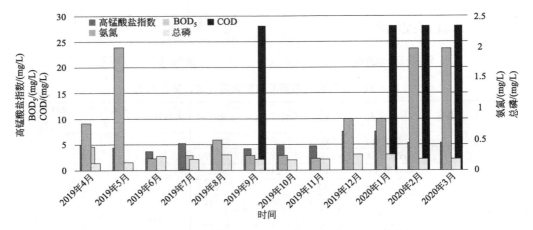

图 5-5　辽河公园断面 2019 年 4 月~2020 年 3 月水质监测数据柱状图

的生态风险指数几乎在所有监测站位均高于 80，表现出了较强的污染风险。

（2）成因

① 水环境。受上游来水水质影响。辽河公园控制单元水质受盘锦境内污染影响较小，上游城市对辽河公园断面影响较大。

盘锦辽东湾新区位于辽河和大辽河之间，近年来辽东湾新区发展较快，企业规模和数量逐渐增加，污染物排放也随之增加。

② 水资源。水资源配置不合理、生态用水不足。从水资源利用情况分析，生态用水量不足，农业用水占比较大。生态调水能力不足，补给匮乏。

③ 水环境风险。从公开检索的论文中缺乏风险成因的分析。国家水污染防治重大专项有简单的监测结果分析，缺乏原因分析。重金属镉累积性风险如何形成还未知。

（3）任务

① 污染减排。全面提升城镇污染治理。加强辽东湾新区污水治理能力建设，增加回用水量节约水资源。在一期 3×10^4 t 工业污水处理厂的基础上，扩建一座日处理能力 7×10^4 t 的污水处理厂，主要处理工业区内企业产生的污水。项目主工艺采用"调节池、事故池、水解池、EBIS 池、高效沉淀池、臭氧氧化池、内循环 BAF 池、连续流砂滤池、超滤、反渗透、次氯酸钠消毒系统"的工艺路线，出水其中 65％回用、剩余 35％水量执行《城镇污水处理厂污染物排放标准》中一级 A 标准，深海排放。加强辽东湾新区污水管网建设。为有效改善辽东湾新区工业、生活污水对近岸海域水质的影响，完成中央环保督察任务，需对第一污水处理厂进行中水回用系统建设及上游污水收集管网进行更新改造。改造管网总长 16.44km，共包括泵站 12 座，其中新建泵站 9 座，改造泵站 3 座（即 12、16、17 号泵站）。

② 水环境风险防控。累积性风险防控。由于大辽河辽河公园汇水区主要位于营口市境内，在省生态环境厅的组织协调下，积极配合营口市

开展重金属累积性风险采样、调研和分析,明确累积性风险来源和下一步工作措施。

(4) 项目

辽河公园断面汇水控制区项目如表 5-19 所示。

表 5-19　辽河公园断面汇水控制区项目

项目名称	项目概况	计划完成年度	任务区县
辽东湾新区第二污水处理厂二期项目	在一期 3×10^4 t 工业污水处理厂的基础上,扩建一座日处理能力 7×10^4 t 的污水处理厂,主要处理工业区内企业产生的污水。项目主工艺采用"调节池、事故池、水解池、EBIS 池、高效沉淀池、臭氧氧化池、内循环 BAF 池、连续流砂滤池、超滤、反渗透、次氯酸钠消毒系统"的工艺路线,出水其中 65%回用,剩余 35%水量执行《城镇污水处理厂污染物排放标准》中一级 A 标准,深海排放	2022	大洼区(辽东湾新区)
辽东湾新区化工污水收集及水质监控系统工程	改造管网总长 16.44km,共包括泵站 12 座,其中新建泵站 9 座,改造泵站 3 座(即 12、16、17 号泵站)	2022	大洼区(辽东湾新区)
盘锦市辽东湾新区污水处理厂外配套排放及中水管网工程项目	为有效改善辽东湾新区工业、生活污水对近岸海域水质的影响,完成中央环保督查任务,需对第一污水处理厂进行中水回用系统建设及上游污水收集管网进行更新改造。主要包括:①建设污水排放管线 20.8km,管径为 DN1000;②铺设中水回用管线 10km,建设活性砂滤间、超滤反渗透车间、超滤反渗透水池、反冲洗排水池等构筑物及配套工艺设备;③对辽东湾新区西扩区滨海大道污水主管道及宝来路、和运路、长春路等四条污水管线进行更新改造,由重力流管线改为压力流管线,近期设计管径为 DN300~700,污水管线改造长度约 15km;远期预留 1 条管道(管径为 DN300~1000),以确保满足新区雨污水排放及水污染防控等需求;④铺设东侧城区污水主管网 1.7km,改造管网近 5km	2022	大洼区(辽东湾新区)
辽东湾新区污水管网改造工程	主要建设滨海大道市政工业污水管网改造工程	2022	大洼区(辽东湾新区)

为解决汇水区内水环境质量不达标、河道生态流量不足、城镇雨污管网建设不完善等问题,开展乡镇污水处理基础设施建设、污水管网改造等工程措施。

5.3　水污染物排放状况

5.3.1　工业源污染负荷估算

根据 2019 年盘锦市环境统计数据,全市流域内共有工业企业 428 家。

COD 排放总量为 29667.86t/a，氨氮排放总量为 2891.6t/a，总磷排放总量为 1299.14t/a，据统计数据和现场调查情况，盘锦市控制单元内的工业污染排放量如表 5-20 所示。

表 5-20　2019 年盘锦市控制单元内的工业污染排放量　　　单位：t/a

汇水范围	COD	氨氮	总磷
兴安	86.34	88.55	90.75
曙光大桥	23207.76	1424.64	362.42
赵圈河	976.36	310.34	240.04
胜利塘	474.49	345.39	338.4
辽河公园	4922.91	722.68	267.53
合计	29667.86	2891.6	1299.14

5.3.2　城镇生活污水污染负荷估算

城镇污水主要指城镇居民生活污水，机关、学校、医院、商业服务机构及各种公共设施排水，以及允许排入城镇污水收集系统的工业废水和初期雨水等。本研究计算城镇生活污染时，考虑城市生活污水污染负荷为污水处理厂排放负荷和未收集污水直接排放负荷之和。

（1）各控制单元人口数量

在城镇生活污染源中，仅统计城镇人口的数量，即研究区内所属的非农业人口数量，不考虑农业人口的数据。根据《盘锦市 2019 年统计年鉴》，得到各区县、乡镇的人口数。按纳污水体重新划分的各控制单元城镇人口统计结果如表 5-21 所示。

表 5-21　各控制单元城镇人口统计结果　　　单位：人

控制单元	汇水范围	县区	城镇名称	人口	城镇人口	农村人口	人口总数	城镇人口总数	农村人口总数
	兴安断面	盘山县	坝墙子镇	20130	1761	18369	34449	7997	26452
		大洼区	新开镇50%	10209	2126	8083			
			于楼街道50%	4110	4110	0			
辽河控制单元	曙光大桥断面	盘山县	得胜镇	16382	1936	14446	652907	566348	86559
			高升镇	28478	10622	17856			
			陈家镇	12908	2018	10890			
			吴家镇	11393	3640	7753			
		双台子区	统一镇	11175	2413	8762			
			双盛街道	11027	11027	0			
			红旗街道	19456	19456	0			
			胜利街道	36596	36596	0			
			陆家乡	11301	5142	6159			
			铁东街道	8004	8004	0			
			辽河街道	41384	41384	0			

续表

控制单元	汇水范围	县区	城镇名称	人口	城镇人口	农村人口	人口总数	城镇人口总数	农村人口总数
辽河控制单元	曙光大桥断面	兴隆台区	沈采街道	13105	13105	0	652907	566348	86559
			兴海街道	35494	31876	3618			
			新工街道	21537	21537	0			
			高升街道	13105	13105	0			
			渤海街道	45671	45671	0			
			振兴街道	56966	56966	0			
			创新街道	49958	49958	0			
			兴隆街道	51021	51021	0			
			兴盛街道	30119	24613	5506			
			惠宾街道	62101	50532	11569			
			建设街道	56068	56068	0			
			新生街道	9658	9658	0			
	赵圈河断面	盘山县	羊圈子镇	19096	5588	13508	315323	167815	147508
			石新镇	14992	7052	7940			
			东郭镇	17664	9751	7913			
		兴隆台区	欢喜街道	10678	10678	0			
			平安街道	11289	11289	0			
			锦采街道	7419	7419	0			
		大洼区	新兴镇	20989	5756	15233			
			田家街道	32617	17402	15215			
			新立镇	17582	2858	14724			
			赵圈河镇	9919	7248	2671			
			清水镇	22194	7005	15189			
			大洼街道	68556	60910	7646			
			唐家镇	23462	396	23066			
			向海街道	17353	7729	9624			
			榆树街道	21513	6734	14779			
绕阳河控制单元	胜利塘断面	盘山县	甜水镇	16242	1341	14901	95433	45617	49816
			胡家镇	28511	7089	21422			
			太平镇	29957	16464	13493			
		兴隆台区	友谊街道	8202	8202	0			
			曙光街道	12521	12521	0			
大辽河控制单元	辽河公园断面	盘山县	沙岭镇	38087	5600	32487	200815	58606	142209
			古城子镇	19946	2726	17220			
		大洼区	新开镇50%	10208	2126	8082			
			于楼街道50%	4109	4109	0			
			东风镇	23343	5032	18311			
			西安镇	25748	2945	22803			
			平安镇	19356	2850	16506			
			田庄台镇	26509	14378	12131			
			二界沟街道	8101	8101	0			
			荣兴街道	15822	8442	7380			
			荣滨街道	9586	2297	7289			

辽河盘锦段行政区划分为盘山县、兴隆台区部分街道、双台子区和

大洼区。根据《2019 年盘锦市统计年鉴》，辽河盘锦段总人口约为 129.8927 万人，其中城镇人口为 84.6383 万人。将乡镇划分到各个控制单元对应汇水断面，得到各汇水断面城镇人口数量为：兴安断面 7997 人，曙光大桥断面 566348 人，赵圈河断面 167815 人，绕阳河断面 45617 人，辽河公园断面 58606 人。

（2）负荷估算

城镇污水主要是生活污水，其排放量和污水中主要污染物浓度参数取值根据《第二次全国污染源普查城镇生活源产排污系数手册》中建立的城镇居民生活污水污染物排放系数。盘锦市人均日生活用水量为 118.18L/（人·d），盘锦市为一区一般城市，COD 产生系数为 69g/（人·d），氨氮产生系数为 8.8g/（人·d），总磷产生系数为 0.92g/（人·d）。根据《第二次全国污染源普查城镇生活源产排污系数手册》第一分册中的污染物产生量和污染物排放量公式进行计算，利用产污系数核算法计算城镇居民生活污水污染物的产生量和排放量，污水及污染物产生量用公式（5-1）计算，污染物排放量用公式（5-2）计算。

$$G_c = 3650 N F_c \tag{5-1}$$

$$G_p = 3650 N F_p \tag{5-2}$$

式中 G_c、G_p——城镇居民生活污水或污染物年产生量和排放量，kg/a；

N——城镇居民常住人口，人；

F_c、F_p——城镇居民生活污水或污染物产生系数和排放系数，g/（人·d）。

2019 年城镇生活污水排放负荷如表 5-22 所示。

表 5-22   2019 年城镇生活污水排放负荷

汇水范围	城镇人口/万人	污水排放量/×10⁴t	COD/t	氨氮/t	总磷/t
兴安	0.7997	39.41	163.46	24.81	2.28
曙光大桥	56.6348	2790.68	11576.15	1757.09	161.24
赵圈河	16.7815	826.91	3430.14	520.65	47.78
胜利塘	4.5617	224.78	932.41	141.53	12.99
辽河公园	5.8606	288.78	1197.91	181.83	16.69
合计	84.6383	4170.56	17300.07	2625.91	240.98

5.3.3   农村生活污水污染负荷估算

农村居民生活污水污染排放量计算采取排污系数法，其中农村生活污水污染物排放系数参考国家生态环境部确定的污染源调查源强数据，农村居民生活污水量排放系数取人均污水排放量 80L/(人·d)，COD 排放量 16.4g/(人·d)，氨氮排放量 4.0g/(人·d)，总磷排放量 0.44g/(人·d)。据统计数据和现场调查情况，盘锦市辽河各汇水控制区内的农村生活污水污染排放量如表 5-23 所示。

表 5-23　盘锦市各控制单元农村生活污水污染排放量

汇水范围	农村人口/万人	污水排放量/×10⁴t	污染物排放量/(t/a)		
			COD	氨氮	总磷
兴安	2.65	77.24	158.34	38.62	4.25
曙光大桥	8.66	252.75	518.14	126.38	13.90
赵圈河	14.75	430.72	882.98	215.36	23.69
胜利塘	4.98	145.46	298.20	72.73	8.00
辽河公园	14.22	415.25	851.26	207.63	22.84
合计	45.26	1321.42	2708.92	660.72	72.68

5.3.4　农村生活垃圾污染负荷估算

根据全国第一次污染源普查居民生活源产排污系数手册，农村人均生活垃圾按 0.35kg/(人·d) 计算，其中 1.0kg 生活垃圾折算 0.05kg COD、5.0g 氨氮、0.2g 总磷。各控制单元农村生活垃圾污染排放量如表 5-24 所示。

表 5-24　盘锦市各控制单元农村生活垃圾污染排放量

汇水范围	农村人口/万人	垃圾排放量/×10⁴t	污染物排放量/(t/a)		
			COD	氨氮	总磷
兴安	2.65	3379.24	168.96	16.90	0.68
曙光大桥	8.66	11057.91	552.90	55.29	2.21
赵圈河	14.75	18844.15	942.21	94.22	3.77
胜利塘	4.98	6363.99	318.20	31.82	1.27
辽河公园	14.22	18167.20	908.36	90.84	3.63
合计	45.26	57812.49	2890.63	289.07	11.56

5.3.5　种植业污染负荷估算

种植业面源污染主要是指农田化肥和农药经径流进入水体，使水环境中污染负荷增加，而使水体遭受污染。其中，农田施肥造成的氮、磷等营养元素流失是农田径流污染的主要来源。根据《全国地表水环境容量核定和总量分配工作方案》将所有农田折算成标准农田，采用系数法估算农田径流污染，计算公式如下：

农田径流负荷＝农田面积×农田综合修正系数×标准农田源强系数

$$(5-3)$$

标准农田源强系数为：COD 10kg/（亩·a）、氨氮为 2kg/（亩·a）、总磷 0.12kg/（亩·a）。

折算标准农田的修正系数如下。

① 坡度修正。坡度在 25°以下，流失系数为 1.0～1.2；25°以上，流失系数为 1.2～1.5。

② 农田类型修正。旱地 1.0，水田 1.5，其他 0.7。

③ 土壤类型修正。将农田土壤按质地进行分类，即根据土壤成分中的黏土和砂土比例进行分类，分为砂土、壤土和黏土。以壤土为 1.0，砂土修正系数为 0.8～1.0，黏土修正系数为 0.6～0.8。

④ 化肥施用量修正。化肥亩施用量在 25kg 以下，修正系数取 0.8～1.0；在 25～35kg 之间，修正系数取 1.0～1.2；在 35kg 以上，修正系数取 1.2～1.5。

⑤ 降水量修正。年降雨量在 400mm 以下的地区取流失系数为 0.6～1.0；年降雨量在 400～800mm 之间的地区取流失系数为 1.0～1.2；年降雨量在 800mm 以上的地区取流失系数为 1.2～1.5。

由于盘锦市地貌类型以平原为主，坡度系数选取 1.0；耕地类型主要为水田，类型修正系数取 1.5；流域内土壤类型主要是壤土（黑钙土等），土壤类型修正系数 1.0；据调查流域内种植平均施肥量大于 25kg/亩，化肥施用量修正系数选择为 1.2；年降雨量在 400mm 以下，降雨量修正系数选取 0.8，则综合修正系数为 1.44。

盘锦市辖区内耕地面积约 157353hm²，污染物排放量为 COD 33988.18t/a、氨氮 6797.64t/a、总磷 407.86t/a，种植业径流面源污染排放量如表 5-25 所示。

表 5-25　盘锦市各控制单元种植业径流面源污染排放量

汇水范围	人口/万人	耕地面积/hm²	污染物排放量/(t/a)		
			COD	氨氮	总磷
兴安	3.44	4288	926.30	185.26	11.12
曙光大桥	65.29	81278	17555.97	3511.19	210.67
赵圈河	31.53	39253	8478.70	1695.74	101.74
胜利塘	9.54	11880	2566.09	513.22	30.79
辽河公园	20.08	24999	5399.70	1079.94	64.80
合计	129.88	161698	34926.76	6985.35	419.12

5.3.6 畜禽养殖污染负荷估算

据统计数据和现场调查情况，盘锦市各控制单元内的畜禽养殖年存栏量情况如表5-26所示。

表5-26 盘锦市各控制单元主要畜禽养殖年存栏情况

汇水范围	人口/万人	猪/头	牛/头	羊/只	家禽/万只
兴安	3.44	3953	447	569	73
曙光大桥	65.29	74924	8470	10779	1379
赵圈河	31.53	36185	4091	5206	666
胜利塘	9.54	10951	1238	1576	202
辽河公园	20.08	23044	2605	3315	424
合计	129.88	149057	16851	21445	2744

利用排泄系数法对畜禽养殖污染物排放进行核算，根据国家《畜禽养殖业污染物排放标准》，将牛、羊、家禽等畜禽种类的养殖量换算成标准猪的当量，换算比例为：30只家禽、3只羊折算成1头猪，1头牛折算成5头猪。根据生态环境部公布的数据，并结合流域内养殖情况，取猪的排污系数为：COD 17.9g/(头·d)、氨氮 3.2g/(头·d)、总氮 5.8g/(头·d)、总磷 0.8g/(头·d)。流域畜禽养殖污染物排放量如表5-27所示。

表5-27 盘锦市各控制单元畜禽养殖污染物排放量

汇水范围	猪当量/头	污染物排放量/(t/a)		
		COD	氨氮	总磷
兴安	178565	1166.66	208.56	52.14
曙光大桥	30632	200.14	35.78	8.94
赵圈河	280386	1831.90	327.49	81.87
胜利塘	84859	554.43	99.12	24.78
辽河公园	580567	3793.14	678.10	169.53
合计	1155009	7546.27	1349.05	337.26

5.3.7 污染物入河量分析

（1）污染物入河量

① 工业污染物入河量

$$W_{\text{工业污染物}} = W_1 \delta_1 \qquad\qquad (5\text{-}4)$$

式中 $W_{\text{工业污染物}}$——工业污染物入河量；

$\qquad\qquad W_1$——工业污染物排放量；

$\qquad\qquad \delta_1$——工业污染物入河系数。

② 城镇生活污染物入河量

$$W_{\text{城镇生活污水}} = W_2 \delta_2 \qquad\qquad (5\text{-}5)$$

式中 $W_{\text{城镇生活污水}}$——城镇生活污染物入河量；

$\qquad\qquad W_2$——城镇生活污染物排放量；

$\qquad\qquad \delta_2$——城镇生活污染物入河系数。

③ 农村生活污染物入河量

$$W_{\text{农村生活污染物}} = W_3 \delta_3 \qquad\qquad (5\text{-}6)$$

式中 $W_{\text{农村生活污染物}}$——农村污染物入河量；

$\qquad\qquad W_3$——农村污染物排放量；

$\qquad\qquad \delta_3$——农村污染物入河系数。

④ 农业面源污染物入河量

$$W_{\text{农业面源污染物}} = W_4 \delta_4 \qquad\qquad (5\text{-}7)$$

式中 $W_{\text{农业面源污染物}}$——农业面源污染物入河量；

$\qquad\qquad W_4$——农业面源污染物排放量；

$\qquad\qquad \delta_4$——农业面源污染物入河系数。

⑤ 规模化畜禽养殖污染物入河量。结合环统数据，确定各控制单元规模化畜禽养殖的数量，根据《第一次全国污染源普查畜禽养殖业源产排污系数手册》和各规模化畜禽养殖场的治污模式，确定畜禽的排污系数。

$$W_{\text{畜禽养殖污染物}} = W_5 \delta_5 \qquad\qquad (5\text{-}8)$$

式中 $W_{\text{畜禽养殖污染物}}$——规模化畜禽养殖污染物入河量；

$\qquad\qquad W_5$——规模化畜禽养殖污染物排放量；

$\qquad\qquad \delta_5$——规模化畜禽养殖污染物入河系数。

（2）污染物入河系数的确定

结合各类型污染源排放实际情况，结合现场调研，选取各类型污染源的入河系数，计算入河量。各类污染源入河系数如表5-28所示。

表 5-28　各类污染源入河系数

类型	工业	城镇生活	农村生活	农村垃圾	种植业	畜禽养殖
入河系数	1.0	0.9	0.3	0.2	0.05	0.2

考虑工业污染出水均设有排口直接进入水体，入河系数取 1.0。城市污水厂排污口距概化后入河口的距离处于 1～10km，因此选取入河系数为 0.9；城市污水处理厂通过入河排污管排放污水，故渠道修正系数取 1.0。结合流域范围内的实际状况，农村地区尚无污水收集处理设施，综合考虑排放距离，土地下渗、蒸发等作用影响，确定农村生活污水污染入河系数为 0.3。考虑农村生活垃圾的处理现状，其入河系数取 0.2。综合考虑农田径流污染物排放入河距离、土地渗透等综合作用影响，取农田径流污染物入河系数为 0.05。参考《第一次全国污染源普查畜禽养殖业源产排污系数手册》《流域水污染物总量控制技术与示范》等文件，取畜禽养殖的污染物入河系数为 0.2。

（3）各类型污染物入河量

结合各类污染源排放负荷及选取的相应的入河系数，计算得出各类污染源入河量如表 5-29 所示。

表 5-29　各类污染源入河量

污染源	污染物入河量/(t/a)		
	COD	氨氮	总磷
工业企业	29667.86	2891.6	1299.14
城镇生活	15570.06	2363.31	216.87
农村生活	812.68	198.21	21.80
农村垃圾	578.12	57.81	2.31
种植业	1746.34	349.27	20.96
畜禽养殖	1509.25	269.81	67.45
合计	49884.31	6130.01	1628.53

5.4　美丽河湖建设

美丽河湖建设是 2035 年美丽中国建设的重要组成部分。《中国河湖大典》中盘锦境内河流只有：大辽河，辽河、绕阳河、太平河、东沙河、锦盘河。经过盘锦市水生态环境保护"十四五"规划编制组深入研究，逐步计划将盘锦一统河建设为盘锦市的"美丽河流"。

一统河是辽河的主要支流，一统河治理与生态修复是辽河下游水质达标及渤海湾近岸海域污染控制的重要组成部分。主要在以下几方面进行保护。

（1）水资源保障方面

西绕总干、一统河连通。主要是由西绕引水总干左岸统一泵站引水，通过新建一条底宽 5m，长 304m 明渠，达到西绕总干与一统河的连接。双绕总干、一统河连通。主要是由双绕引水总干右岸幺路子排水站引水，通过明渠，达到双绕总干与一统河的连接。

（2）水环境保护区方面

通过沿河村庄污水收集处理工程建设，解决外源污染对小柳河的影响，具体包括以下几点。

① 前腰村污水治理工程。收集处理 385 户居民生活污水，建设处理规模 80m^3/d 的污水处理设施，铺设管网 7.8km。

② 后腰村污水治理工程。收集处理 515 户居民的生活污水，建设处理规模 110m^3/d 的污水处理设施，铺设管网 10.5km。

通过清淤工程，解决一统河现有底泥中污染物二次释放造成的内源污染问题。具体工程为：一统河双台子区段清淤疏浚范围主要考虑中华路桥至谷家闸区段，清淤 40000m^3。

通过河道生态浮岛建设，进一步净化一统河水质。具体工程为：一统河 305 国道桥至谷家闸区段进行生物浮床的建设，建设面积为 $1.7 \times 10^4 m^2$。

（3）水生态修复方面

一统河双台子区段自 305 国道至上游 1km 处，两岸建设乔灌草相结合的河流缓冲带，建设面积为 $4.8 \times 10^4 m^2$，石笼护坡建设面积为 $0.8 \times 10^4 m^2$。

建设一统河口谷家湿地，其中包括表流湿地面积 $53 \times 10^4 m^2$，潜流湿地 $10 m^2$。

5.5　土著水生物种恢复

盘锦河蟹又名中华绒螯蟹，是洄游性的甲壳类动物。秋季性成熟的河蟹自内河湖泊爬向大海，在咸淡水交界处产卵，至翌年春末夏初卵孵化发育成大眼幼体（俗称蟹苗），再溯江、河而上，进入湖泊、草荡等水域生长育肥。

辽宁省盘锦市被称为"蟹都"，是中国河蟹最大的产地之一。盘锦河蟹的生长特点是在海水里生，淡水里长。在盘锦的渤海辽东湾，充足的海水使河蟹得以"生"；内陆充足的淡水资源和丰茂的水草，使河蟹得以"长"。盘锦市境内苇塘数百万亩连片，有中小河流 20 多条，条条与渤海相通，使河蟹"生和长"的回游畅通无阻。

20 世纪 60 年代，河流、田地随处可见天然河蟹的身影，并有"棒打獐子瓢舀鱼，螃蟹爬到被窝里"的盛况；1983 年，全国农业资源普查发现，原本繁盛的河蟹资源，濒临灭绝。盘山县组织人力到辽河入海口捕捞蟹苗，运到境内河流和水库进行人工养殖；1984 年再次到辽河入海口捕捞蟹苗时却一无所获。盘锦天然河蟹几乎到了濒临灭绝的地步。现如今，盘锦河蟹大部分都是人工养殖的，蟹苗取自长江流域，天然河蟹几乎没有。这种现状的成因主要有以下两个方面。

（1）洄游通道被拦截

20 世纪 60 年代末，由于大规模农业垦殖开发，开始兴建防洪治涝工程——修堤建闸，拦蓄辽河水，灌溉农田，同时也拦截了天然河蟹的洄游路线，拦河闸上游河蟹开始绝迹。随后，盘锦大小河流都修建了拦河闸堤，天然河蟹所有的繁衍之路均被截断，河蟹数量锐减。

（2）水生态环境污染严重

20 世纪 70 年代开始，石油开发和现代工业逐步发展、农药广泛使用、围海养殖业快速发展，直接导致天然植被大面积损毁，鸟类栖息和觅食地面积大量减少，近岸水质污染恶化，严重破坏了辽河口滨海湿地生态环境和天然河蟹生存的生态环境。到 20 世纪 80 年代中期以后，盘锦的河汊沟渠已经钓不到天然河蟹。

因此，无论从保护水生态环境的角度出发，还是从保护水生生物物种多样性的角度出发，保护辽河口的天然中华绒螯蟹至关重要。

为了拯救和恢复濒临灭绝的河蟹资源、保护天然中华绒螯蟹种质资源，国家在双台子河口建立了"中华绒螯蟹国家级水产种质资源保护区"。除此之外，还可采用以下措施恢复天然河蟹资源。

（1）实施"退养还湿"

实施"退养还湿"，恢复湿地面积；同步整治油田废弃井台、苇场断头道路、电力通信设施等周边环境；拆除拦海堤坝，实现了海淡水充分交换、红海滩和芦苇荡融为一体，使得河蟹和鱼类可以顺利洄游并得到庇护。

（2）实施"增殖放流"

增殖放流是直接提升重要渔业资源的手段，同时也是快速恢复辽河口中华绒螯蟹资源量和维持其资源开发的重要措施。由于中华绒螯蟹早期发育阶段对环境的适应能力不完善，死亡率较高，因此放流河蟹应是处于性成熟阶段。为减少河蟹迁移至交配场所的距离、应对环境的变化、提高放流的成活率，放流地点应接近产卵地或直接放流至保护区内。放流时间应保持在自然群体的交配产卵时间之前，以提高资源恢复的效率。

（3）适时开启拦河闸

为保障天然河蟹的洄游路线，在河蟹洄游时期适时开启拦河闸，使得河蟹可以顺利洄游。

参考文献

[1] 孟冲. 基于水环境纳污能力的流域污染物总量控制研究 [D]. 北京：华北电力大学，2018.

[2] 林涛，徐盼盼，钱会，等. 黄河宁夏段水质评价及其污染源分析 [J]. 环境化学，2017，36（06）：1388-1396.

[3] 胡昱欣. 东辽河流域农业非点源氮、磷污染模拟及入河过程研究 [D]. 吉林：吉林大学，2015.

[4] 田少白. 北方城市雨水径流污染特征及生态化利用研究 [D]. 河北：河北工程大学，2013.

[5] 刘占良. 青岛市重点流域水环境承载力与污染防治对策研究 [D]. 山东：中国海洋大学，2009.

[6] 段雪梅. 平原河网区农业非点源污染负荷及经济损失估算研究 [D]. 江苏：扬州大学，2013.

[7] 中国环境规划院. 全国地表水环境容量核定工作常见问题辨析（一）[R]. 2003.

[8] 国家环保总局. 全国重点城市地表水环境容量核定与总量分配培训教材 [R]. 2003.

[9] 李静，闵庆文，李子君，等. 太湖流域农业污染压力分析 [J]. 中国生态农业学报，2012，20（03）：348-355.

[10] 张硕. 基于MIKE软件建立辽河流域水质模型的研究 [D]. 辽宁：东北大学，2013.

[11] 常旭，王黎，李芬，等. MIKE 11模型在浑河流域水质预测中的应用 [J]. 水电能源科学，2013，31（06）：58-62.

[12] 康利荥，纪文娟，徐景阳. 基于MIKE 11与EFDC模型的突发性水污染事故预测模拟研究 [J]. 环境保护科学，2013，39（02）：29-33.

[13] 顾杰，胡成飞，李正尧，等. 秦皇岛河流-海岸水动力和水质耦合模拟分析 [J]. 海洋科学，2017，41（02）：1-11.

[14] 管仪庆，陈玥，张丹蓉，等. 平原河网地区水环境模拟及污染负荷计算 [J]. 水资源保护，2016，32（02）：111-118.

[15] 张海波. 水质模型在天津市河流应急监测中的实用化设计 [J]. 科技与创新，2014（13）：143-144.

[16] 李冬锋，左其亭. 重污染河流闸坝作用分析及调控策略研究 [J]. 人民黄河，2014，36（08）：87-90.

[17] 冯帅，李叙勇，邓建才. 太湖流域上游平原河网污染物综合衰减系数的测定 [J]. 环境科学学报，2017，37（03）：878-887.

[18] 冯帅，李叙勇，邓建才. 太湖流域上游河网污染物降解系数研究 [J]. 环境科学学报，2016，36（09）：3127-3136.

[19] 冯帅. 平原河网污染物降解系数的初步研究 [D]. 北京：中国科学院大学，2017.

[20] 王霄娥. 清漳河晋中市段主要污染物环境容量核定及总量分配研究 [D]. 北京：清华大学，2013.

[21] 宝婉宁. 辽河干流中下游河道特性及冲刷深度分析 [D]. 辽宁：沈阳农业大学，2018.

[22] 刘燕，江恩惠，赵连军，等. 黄河与辽河河道整治对比分析 [J]. 人民黄河，2010，32（03）：23-24+28.

[23] 陈丹，张冰，曾逸凡，等. 基于SWAT模型的青山湖流域氮污染时空分布特征研究 [J]. 中国环境科学，2015，35（4）：1216-1222.

[24] 张斯思. 基于 MIKE 11 水质模型的水环境容量计算研究 [D]. 安徽：合肥工业大学，2017.

[25] 董一博. 浑太河水环境容量计算研究 [D]. 河北：河北工程大学，2015.

[26] 姚力玮. 基于 MIKE 11 的嫩江干流水环境容量模型改进研究 [D]. 河北：华北电力大学，2017.

[27] 邱俊永. 基尼系数法在黄河中上游流域水污染物总量分配中的应用研究 [D]. 江苏：江苏大学，2010.

[28] Cokay E, Eker S, Karapinar I, et al. Assessment of water quality；A case study of Buyuk Menderes River Basin [J]. Fresen Environ Bull, 2020, 29 (5)：3606-3613.

[29] 朱梅. 海河流域农业非点源污染负荷估算与评价研究 [D]. 北京：中国农业科学院，2011.

[30] 王曌瑞，郭星佑，聂艾琳，等. 一维稳态水质模型应用于邢台汪洋沟的适用性研究 [J]. 环境科学与管理，2019，44 (11)：68-71.

[31] 苏飞，陈敏建，董增川，徐志侠. 辽河河道最小生态流量研究 [J]. 河海大学学报（自然科学版），2006，34 (2)：136-139.

[32] 国家环境保护总局. 畜禽养殖业污染物排放标准：GB 18596—2001 [S]. 北京，2001.

[33] 盘锦市统计局. 2017 年盘锦市统计年鉴 [EB]. 2017.

[34] 盘锦市生态环境局. 2017 年盘锦市环境质量公报 [EB]. 2017.

[35] 盘锦市水利局. 2018 年盘锦市水资源公报 [EB]. 2018.

[36] 盘锦市统计局. 2018 年盘锦市统计年鉴 [EB]. 2018.

[37] 盘锦市统计局. 2019 年盘锦市统计年鉴 [EB]. 2019.

[38] 国务院第一次全国污染源普查领导小组办公室. 第一次全国污染源普查城镇生活源产排污系数手册 [R]. 2008.

[39] 中国环境规划院. 全国水环境容量核定技术指南 [EB]. 2003.

[40] 中国农业科学院. 第一次全国污染源普查畜禽养殖业产排污系数 [R]. 2009.

[41] 全国污染源普查水产养殖业污染源产排污系数测算项目组. 全国第一次污染源普查水产养殖业污染源产排污系数手册 [R]. 2013.

[42] 国务院第一次全国污染源普查领导小组办公室. 第一次全国污染源普查农业污染源肥料流失系数 [R]. 2009.

[43] 生态环境部华南环境科学研究所. 第二次全国污染源普查城镇生活源产排污系数手册 [R]. 2019.

[44] 陈耀宗，姜文源，胡鹤钧，等. 建筑给水排水设计手册 [M]. 北京：中国建筑工业出版社，2008.

[45] 中国环境规划院. 全国地表水环境容量核定技术规范 [S]. 2004.

[46] 国家环境保护总局. 全国地表水环境容量核定和总量分配工作方案 [R]. 2003.

[47] 孟伟. 流域水污染物总量控制技术与示范 [M]. 北京：中国环境科学出版社，2008.